中小学生不得不读的故事丛书

让青少年懂得
保护环境的故事

本书编写组◎编

U1006293

每一个好故事，都会带你种下完美人生的种子；每一个好故事，都是我们领悟人生的一盏明灯；每一个好故事，都是我们人生的一块基石。它给我们智慧的启迪，让我们抓住希望。对今天更加珍惜，对明天充满自信！

世界图书出版公司
广州·北京·上海·西安

图书在版编目（CIP）数据

让青少年懂得保护环境的故事 /《让青少年懂得保护环境的故事》编写组编．—广州：广东世界图书出版公司，2010. 3（2024.2 重印）

ISBN 978－7－5100－1492－5

Ⅰ．①让…　Ⅱ．①让…　Ⅲ．①环境保护－青少年读物　Ⅳ．①X－49

中国版本图书馆 CIP 数据核字（2010）第 043621 号

书　　名	让青少年懂得保护环境的故事 RANG QINGSHAONIAN DONGDE BAOHU HUANJING DE GUSHI
编　　者	《让青少年懂得保护环境的故事》编写组
责任编辑	张梦婕
装帧设计	三棵树设计工作组
出版发行	世界图书出版有限公司　世界图书出版广东有限公司
地　　址	广州市海珠区新港西路大江冲 25 号
邮　　编	510300
电　　话	020-84452179
网　　址	http://www.gdst.com.cn
邮　　箱	wpc_gdst@163.com
经　　销	新华书店
印　　刷	唐山富达印务有限公司
开　　本	787mm×1092mm　1/16
印　　张	10
字　　数	120 千字
版　　次	2010 年 3 月第 1 版　2024 年 2 月第 11 次印刷
国际书号	ISBN　978-7-5100-1492-5
定　　价	48.00 元

前　言

FOREWORD

环境是人类生存和发展的基本前提，环境为我们的生存和发展提供了必需的资源和条件。

人类生活在自然环境中，所以自然环境是人类生存的基本条件，是发展生产、繁荣经济的物质源泉。如果没有地球这个广阔的自然环境，人类是不可能生存和繁衍的。只有当自然环境处于一种生态平衡的和谐状况时，人类的前景才是乐观的。随着社会经济的发展，环境问题已经作为一个不可回避的重要问题提上了各国政府的议事日程。保护环境，减轻环境污染，遏制生态恶化趋势，成为政府社会管理的重要任务。

随着人们对环境的日益重视，环境保护已经成为一个世界关注的焦点。

随着人口的迅速增长，生产力的发展，科学技术的突飞猛进，工业及生活排放的废弃物不断地增多，从而使大气、水质、土壤污染日益严重；自然生态平衡受到了猛烈的冲击和破坏，许多资源日益减少，并面临着耗竭的危险；水土流失，土地沙化也日趋严重，粮食生产和人体健康受到严重威胁。

环境问题不是一个单一的社会问题，它是与人类社会的政治经济发展紧密相关的。环境问题在很大程度上是人类社会发展（尤其是那种以牺牲环境为代价的发展）的必然产物。西方国家已经进入了工业化社会，它们已在偿还工业化起步阶段以来对环境欠下的债务。我国正在进行社会主义现代化建设，正在经历从农业社会向工业社会的过渡。我们绝不能走西方国家“先污染，后治理”的老路，而应该提前把环境保护放到一个重要的位置。这既是历史的教训，也是我们面临的必然选择，在环境危机日益深化的情况下一种被动选择。因为环境问题已成为危害人们健康，制约经济发展和社会稳定的重要因素。所以，维护生态平衡，保护环境是关系到人类生存、社会发展的根本性问题。

环境保护就是研究和防止由于人类生活、生产建设活动使自然环境恶化，进而寻求控制、治理和消除各类因素对环境的污染和破坏，并努力改善环境、美化环境、保护环境，使它更好地适应人类生活和工作需要。换句话说，环境保护就是运用环境科学的理论和方法，在更好地利用自然资源的同时，深入认识污染和破坏环境的根源及危害，有计划地保护环境，预防环境质量恶化，控制环境污染，促进人类与环境协调发展，提高人类生活质量，保护人类健康，造福子孙后代。

古往今来，以保护环境著称于世的典型，有过数不清的事例，如黄帝亲手栽柏树、舜帝不鞭打耕牛、文王怒斥打猎之人、商汤爱鸟网开三面、里革割渔网护资源、伯益的贡献、齐国制定环保法令、大禹治水、管仲讲国土整治等。这些故事都深深震撼我们的心灵，值得我们去学习和反思。

少年兴则国兴，少年强则国才能强。广大青少年要正确认识保护环境的重要意义之所在，增强环境保护的责任感。本书收集了古今中外的名人保护环境的故事，他们中有帝王将相也有平民百姓，不同的时代，不同的人物，他们的故事都是围绕环境保护这一主题展开的。通过这些不得不读的故事，希望广大青少年们从中感受前人的环保责任，继承前人的环保精神，为保护环境而努力，一起去保护我们的家园，共建和谐美好的未来！

CONTENTS

目录

植树造福人类

黄帝亲手栽柏树

判天地之美，析万物之理。

——庄子

在我国古老的传说中，黄帝是一位英雄人物，他带领部落的人民与蚩尤作战，打败了蚩尤。

战争刚刚结束，他就考虑要让人民过上安居乐业的幸福生活。那时候，百姓还住在山洞里，饿了就到丛林中去打猎，爬到树上去采集野果，或者到湖泊里去捕鱼，生活条件非常恶劣。黄帝便带着大家离开了山洞，迁往今天陕北地区的桥山一带。

桥山一带地理环境十分理想。这里土地肥沃，适宜种植庄稼；山林茂密，可以猎取野兽。百姓都兴高采烈，称赞黄帝找到了一个好地方。黄帝将手下的几员大将召集到一起，商议选址修造房子的事情，黄帝对大伙儿说："战乱结束了，我要让大家定居下来，我南征北战，到过许多地方，觉得这儿是一块风水宝地。看，这里临水背山，土肥水美。如果造起了房子，大家就再也不会受到风吹雨淋了，再也不会担心野兽来侵袭了。”说完：黄帝就安排力牧、大鸿、共鼓去张罗修房子的事。

要造房子，就需要大量的木材。力牧等人就带领大家上山去砍伐树木。一连几天，桥山上伐木叮叮，树木越堆越高。但桥山变成了一个光秃秃的山梁，周围的其他山上，过去郁郁葱葱，现在也只是留下了几棵孤零零的小树。又过了几天，山脚下新落成的房子非常漂亮，高高低低的，错落有致。

老百姓欢喜极了，过去住在山洞里，现在住上了新木房，真有天壤之别！可是，好景不长，到了第二年夏天，桥山地区一连下起了好几天大雨。大雨引发的特大山洪从桥山上滚滚而下，山洪冲毁了农田，卷走了牲畜，新造的房子也在大水中轰然倒塌了。

黄帝看到此情此景，十分痛心，他专门召集了一个全体大会，沉重地对大家说：“我对不起大家，没想到造了房子，大家还是要遭大罪。过去我们只是没有房子，现在我们连树木也没有了！没有树木，我们到哪里去打野兽？没有野兽，我们吃什么？我们穿什么？”于是，黄帝号召大家上山植树种草，再一次恢复环境的原貌，并且带头上山，亲手种下了第一棵柏树。在黄帝的带动下，百姓人人动手，种植草木，很快桥山又变得一片葱绿了。

黄帝亲手种的这棵柏树越长越高，现在已经变成了参天巨木。后人在黄帝种树的地方建起了一座陵寝，名叫黄帝陵，以纪念这位最早绿化环境的祖先。1982 年，英国林业专家罗友尔拜谒黄帝陵时，见到这棵历尽风霜的古柏，不无感慨地说：“真了不起，黄帝可以被称为世界柏树之父！”

路旁植树的由来

人创造环境，同样环境也创造人。

——马克思

路旁植树制度始于周代。

河南洛阳是最早施行这种制度的城市。周代，洛阳各干线车马大道上都有绿化。当时规定凡有道路的地方都要植树，置庐舍并藏食粮，以供守路者食宿。最初的道路植树，是作为道路的里程标志，尔后发展成为绿化道路。春秋时期成书的《诗经·小雅·采薇》载："昔我往矣，杨柳依依。"

《诗经》中颂扬召公的《甘棠》中写道："蔽芾甘棠，勿剪勿拜，召公所说！"从《甘棠》三章中，说明路旁草木盛茂，人人爱护道林，也可以看出笔直的周代车马大道的两旁，植树很多，管理得很好，人民也倍加爱惜道旁树木。《左传·襄公九年》有晋国军队曾"斩行栗"的记载，说明春秋时期的道路植树相当普遍。到了秦代，洛阳的东方、东北方、西方车马大道，每隔三丈（今6.9米）远植一棵松树，也就是西汉贾山在《至言》中所讲的"三丈而树，树以青松。"汉代大道旁栽植桐梓之类的树木。隋大业元年（605年），炀帝在开凿洛阳至扬州的大运河同时，在运河两岸开大道，"种榆树、柳树，自东都至江都二千余里，树荫相交"。至元代，河南府及所辖各县在道路旁植树造林，凡"非理砍伐"路旁树木者，由"各路达鲁花赤管民官依条治罪"。道路植树制度就这样沿袭下来了。

从西周的植树说起

人生欲求安全，当有五要：一要清洁空气；二要澄清饮水；三要流通沟渠；四要扫洒房屋；五要日光充足。

——南丁格尔

中国古代很早就懂得了树木的人工栽培。陕西黄陵县桥山有轩辕黄帝的“衣冠冢”，现有古柏数万株，参天茂盛，形态各异。其中最大一株相传为黄帝手植，距今5000余年。

早在西周时期，国家就规定要在坟墓上植树，并且对天子、士和庶人坟墓的高低和植什么树，分别作出了规定：“天子坟高三仞，树以松；……士四尺，树以槐；庶人无坟，树以杨柳。”

在《诗经》中，记载黄河中下游一带人工栽培的树木就有枣、桃、李、梅、梨、栗、榛、桑等果木，而且栽植得相当普遍。

管仲是我国最早提倡植树造林的一个高级官员。在《管子》一书中，他精辟地指出：“一年之计莫如树谷，十年之计莫如树木，终身之计莫如树人。”管仲主张山林川泽由国家垄断，禁止百姓在田地中或房前屋后种树，但说“田中有木者，谓之谷贼”，造成“非山无所仰”的政府独占局面，似乎有点过头，这是不足取的。

秦始皇统一六国后，曾下令在全国修筑驰道，要求在驰道两旁，每隔三丈，即“树以青松”，“东穷燕齐，南极吴楚、江湖之上”，规模很大。这是我国历史上最早的一次大规模植树造林运动。

在公元前2世纪的西汉初，已经懂得了适地植树的道理。刘安《淮南子》说："欲知地道，物其树。"意思是说，要想知道某地的环境条件，就要观察当地的树木。这就等于指出了树木生长和自然环境的关系，具有生态学观念。

西汉成帝时（前 32 ~ 前 6）农学家氾胜之著了一本《氾胜之书》，是我国历史上第一部完整的农学著作，其中对植树的方法有详细说明。书中说，种树要点是三条：一是种树没有一定的时间限制，下了雨以后就栽；二是要多留树根上带着的旧土；三是要记住树木原先朝阳的那一面，移栽后仍使之朝南。氾胜之总结的这些经验，在当时已是非常普及的知识了。

北魏末年贾思勰所著的《齐民要术》，是我国现存最早的一部完整的农书，书中讲了植树的意义和适地植树的原则。他的适地植树的原则是：地有好坏，山泽各有所宜，按照气候土壤条件植树，就能事半功倍，如果想当然，违反客观规律，必然劳而无功。这些原则，无疑是古代无数实践经验的结晶。

在晋代，植树技术又有新的进步，适地植树的原则也更加广泛地为人们所应用。有一本叫做《南方草木状》的林学著作明确指出，柘、柞、楮、柳、竹应分别种在山石、山阜、涧谷、下田、高平之地，因地制宜，各得其所。这些记载，不仅具有实际意义，也具有一定的生态学意义。

唐代大诗人白居易（772 ~ 846）十分热爱植树，他在《春葺新居》一诗中说："江州司马日，忠州刺史时。栽松满后院，种柳荫前墀。"说他不论被贬江州（今九江），还是升调忠州（今四川忠县）时，都不忘植树。在江州时曾移栽庐山桂树、石榴树。他把桂树移栽司马厅前，写了一首《厅前桂》说："天台岭上凌霜树，司马厅前委地丛，一种不生明月里，山中犹校胜尘中。"他移栽的石榴树迟迟不开花，于是又写了一首诙谐小诗《戏问山石榴》："小树山榴近砌栽，半含红萼带花来，争知司马夫人妒，移到厅前便不开。"他升调忠州时，还把石榴移了去，这回开了花。他又在窗前栽植了庐山的杉树，在《种杉诗》中说："移栽东窗前，爱尔寒不凋。"白居易在杭州罚犯人植树的故事更被后人传为佳话。

白居易生活的时期，唐朝经济繁荣，重视植树。唐朝制度是按人口分永业田，并要求农民在永业田上栽上榆树、枣树、桑树及“所宜之木”。从唐代著名文学家柳宗元写的《种树郭橐驼传》看，当时长安一带的人，凡是种树美化环境的或谋生而种果树的，都争着让种树能手郭橐驼去给他们作技术指导。足见当时的植树蔚然成风。文中赞颂了一位驼背老人精于植树技术，“视驼所种树、或迁徙，无不活，且硕茂，蚤实以蕃。”因为他掌握了植树的规律，那就是：苗木要舒展，坑要培平，土要旧土，还要踩密实。柳文意在以讲植树而讽喻时弊，但也反应出当时植树技术的发展水平。从历史上看，柳宗元确实是重视和提倡植树造林的。他在任柳州刺史的四年中，积极倡导造林，亲手植柑二百株，写下了七律《柳州城西北隅种柑树》，又在柳江边种了不少柳树，写了五律《种柳喜题》。

杏林春暖的故事

就所有的生物而言，即使最强烈的内在本质，在很大程度上出是由其所处的外部环境而造成的。

——乔治·艾略特

在中国，经常用“杏林春暖”、“杏林春满”、“誉满杏林”之类的词来赞誉医生。杏林和医道有什么瓜葛呢？原来，这些赞誉，全起自三国时的董奉，这就是“杏林春暖”的故事。

董奉是三国时吴国人，不但精通医术，而且乐善好施，远近闻名。

董奉在庐山开了个私人诊所，来求他看病的人络绎不绝，小小诊所门庭若市。

一个病得很重的人被抬进诊室。董奉立即给他号脉，扎针，又给病人服下一付汤药。病人好一些了，董奉又给他包了几包草药，嘱咐他回家按时煎服。

“多少钱？”

“现在不收钱，”董奉擦擦额上的汗说，“等他的病好了再说。”

病人和家属千恩万谢，作揖告别。

其他的人来看病，不论轻重，都不收钱。

过了几天，那位重病人全好了，他背了一口袋铜钱，来面谢董医生，同时补交上应交的医药费。进了诊室，只见董奉正在和另一个病愈的人谈话，前面说了些什么，他当然没法知道，只听见董奉最后一句话是说：“……那你就去栽三棵杏树吧。”

那位走了，这一位上前来说：“董先生，您真是个神医，我的病经您看过以后，当天就大有好转，没出五天，就全好了，我真不知道该怎样感谢您。今天，我把医药费全带来了。”

董奉面露笑容，问：“你真要感谢我吗？”

“是呀，是呀，”这一位提起了装满铜钱的口袋，“您要嫌我带的钱不够，我立马回家去取，只要先生您说个数。”

“好，好，”董奉哈哈大笑，“钱你还是带回去，咱们按老规矩办！”

“什么规矩？”

“在我这儿看病，不收钱，只要你的病好了，给我栽几棵杏树就成，大病看好的栽五棵，小病看好的栽三棵。”

这位病人连连作揖，当天就栽下五棵杏树。

由于患者都抱着“受人滴水之恩，当涌泉相报”的想法，所以他们栽树格外认真，树的成活率也特别高，没几年功夫，董奉的房前屋后就栽满了杏树，蔚然成林，总数有上万棵。春天，杏花烂漫，环境优美；夏天，黄杏满枝，丰收在望。董奉卖杏得钱甚多，除买粮买药及日用外，其余多用于周济穷人，因此才有了以杏林赞誉医家的种种说法。

木奴的故事

庄严的大海产生蛟龙和鲸鲵，清浅的小河里只有一些供鼎俎美味的鱼虾。

——莎士比亚

三国时代，有一个名不见经传的人，叫李衡，家居蜀国武陵郡的龙阳，就是现在湖南省汉寿县。李衡为人忠厚，勤劳肯干，但因为家居山村，直至中年，也没置下什么产业。虽然如此，李衡并不着急，只是注意在农活的间隙，就在房前屋后栽种几株柑桔。他的这些劳作，也并没有引起乡邻们的注意。

不知不觉，李衡年事已高，终于因劳累过度，一病就卧床不起。李衡自知自己已走到了人生的终点，但他并没有悲哀叹息。这一天，他把他的儿子们叫到床前，对他们说："我这病恐怕是治不好了，你们也不必悲伤，人总是逃不脱生老病死这个劫数的。"

儿子们都说："爹，您不要这么说，安心静养调治，总能治好您的病的。"

李衡并没有接他们的话茬，接着自己的话说："我一生劳作，没攒下什么家产，只有木奴千头，留给你们，也算是我的一点遗产吧。"

"什么，木奴？"儿子们的眼睛都亮了起来，一个个又喜又惊。

"对，是木奴，"李衡老人不紧不慢地说，"它们不向你要吃，不向你要穿，可是能给你们挣钱，只要你每年缴上一匹绢的税，好好地伺候它们，它们向你们贡献的东西，就足够你们吃穿用的了。"

“要伺候木奴?”

“是呀,”老人依旧慢条斯理地说,“你不给它们锄草、施肥、浇水、捉虫,它怎么为你们结果呢?”

“哦,您说的木奴就是柑桔树?”一个儿子问。

“可不是吗,好好伺候这一千多棵柑桔树,温饱不愁,就是奔小康也有可能哩!”

说完这句话,老人便与世长辞了。

没几年,李衡老汉栽植的柑桔树都长大了,到了秋天,果实累累,挂满枝头,等柑桔成熟了,摘去卖钱,一年就有几千匹绢的收益,照现在的话说,李衡的儿子们都成了万元户。邻里乡亲们谁看了都羡慕地翘起大拇指,大家对李衡这种造林致富的实践佩服得五体投地,纷纷称赞说:“李老汉真有眼光呀!”

古代最早的植树造林,就是营造经济林木。这里所说的经济林木,是指为人们提供干鲜果品、油类、糖类、纤维、木材及薪柴等产品的林木,这实际上已包括了现在所说的用材林和薪炭林。

古代“人君教民”,“以时种树”,特别规定要选那些“丘陵阪险不生五谷者,以种竹木”,“春伐枯槁,夏取果蓏,秋畜疏食,冬伐薪蒸,以为民资”,使百姓“生无乏用,死无转尸”。这里说的,都是经济林木。古人说得好,“果木材植等物,可以自用有余,又可以易换诸物。若能多广栽种,不惟无凶年之患,抑亦有久远之利焉”。

古人造林致富的成效和意义可以从《史记》记载看出:“山居千章之材,安邑千树枣,燕、秦千树栗,蜀、汉、江陵千树橘,淮北、常山以南,河济之间千树萩,陈、夏千亩漆,济、鲁千亩桑麻,渭川千亩竹,”这样的人与千户侯一样富。如果说秦始皇令植行道树、建榆溪塞是为美化环境,那么,司马迁的这段话则主要讲的是植树造林的经济意义,很有见地。

古人对于植树的经济效益进行过具体的总结,认为植杨树能获得良好的经济效益,“三年,中为蚕樀。五年,任为屋椽。十年,堪为栋梁。以蚕樀为率:一根五钱,一亩岁收二万一千六百文。岁种三十亩,三年九十亩。

一年卖三十亩，得钱六十四万八千文。周而复始，永世无穷。比之农夫，劳逸万倍。去山远者，实宜多种，千根以上，所求必倍”。

古人认为种榆树也是一本万利，既可作屋材，又可作多种器具，“岁岁科简剥治”，获薪炭之利，又可收榆钱代食，赈救灾荒。榆树有“斫后复生，不劳更种，所谓一劳永逸”的特点，所以种榆树“既无牛、犁、种子、人工之费，不虑水、旱、风、虫之灾。比之谷田，劳逸万倍”。如果“男女初生，各与小树二十株，比至嫁娶”，则“聘财资遣，粗得充事”。

樊重植树造福

> 环境的改变和人的活动的一致，只能被看作是并合理地理解为革命的实践。
>
> ——马克思

古时靠植树致富的人很多。前面说的李衡是，董奉是，还有一个樊重也是例子。

相传樊重想要做器物，先种梓漆。当时人们都嗤笑他。但过了几年，樊重种的树用上了。过去嗤笑过他的人，再也不敢嗤笑他了。因为樊重用植树造林的成绩教育了那些嘲笑他的人们。

五胡十六国时代的北燕王冯跋重视发展林业，曾下诏说：“桑柘之益，有生之本。此土少桑，人未见其利，可令百姓，人植桑一百根，柘二十根。”北魏孝文帝元宏于太和九年（485年）曾下诏说，“男夫一人给田二十亩，课莳余，种桑五十树，枣五株，榆三根。……限三年种毕。”家中原种了桑树的私田不动，可是要用来抵消应受桑田的份额。原有桑田超过二十亩的，其超过部分可以出卖；不足二十亩的，可买至二十亩；不宜种桑的地方，每人给田一亩，按规定种植枣树和榆树。限定三年种完，种不完的，没收其未种完的部分。在桑田内种植果树或多种桑榆的不禁。

北魏的这些政令，是根据汉人李安世的建议颁布的。颁布后，起到了繁荣社会经济的作用。北齐、北周和隋、唐也都沿袭过这些政令。

古代关于经济林木嫁接技术的记载，在北魏贾思勰的《齐民要术》已相当多。书中详细记载了梨树的嫁接方法、原理，提到可供用作梨树砧木的有棠、杜、桑、枣、石榴等五种树木，其中寒梨最好。还介绍了一砧一穗或一砧多穗的枝接法及“取枝币软枣根上插之”的劈接法。此外，宋代吴怿《种艺必用》、张邦基《墨庄漫录》，分别谈到枫杨嫁接核桃，桑上接杨梅、接梨和上接葡萄等嫁接技术。

元代《王祯农书》系统总结了嫁接的6种方法。明代徐光启《农政全书》提出接树三秘诀，俞宗本《种树书》提出“柿树接桃枝，则为金桃”。清代陈昊子《花镜》则对嫁接的植物生理进行了探索。所有这些，既是对经济林木嫁接技术的总结，也确实对经济林木的发展起了推动作用。

古代对薪炭林和用材林的种植亦有所重视。宋代与欧阳修同修《唐书》的宋祁（998～1061），平生热爱树木，尤喜柏树。他曾经当过龙图阁学士和工部尚书。他在四川益州（今成都）做官时，对当地速生树种桤木和珍贵用材树种楠木的生物特性作了一些研究，认为它们可作薪炭林树种和美化环境。他在《益部方物略记》中说：“楠木易栽易活，不到几年就可以成林，老百姓可以依赖它，烧柴不愁。”又说：楠木“在土所宜，亭擢而上，枝枝相避，叶叶相让，繁阴可庇，美干斯仰。右楠（蜀地最宜者，生童童若幢盖，然枝叶不相碍。茂叶美荫，人多植之。树甚端伟，叶经岁不凋，至春，新陈相换，有花实似母丁香云。）”，在这里，宋祁也指出了楠木的美学价值、环境价值。

古人营造经济林木虽然是从发展经济的角度出发，但经济林木增多，客观上对美化环境、改善环境和保护环境也是有一定作用的。

宋清及近代的植树造林

地球能满足人类的需要、但满足不了人类的贪婪。

——甘地

宋太祖重视植树造林，他根据造林多少，把居民分为五等。第一等是每年种树 50 棵，第二等以下递减十棵，并分等级奖励积极植树的人。宋代大文豪苏轼喜爱种树，写下过许多记录他自己或他人种植松、柳、枣、桑等树的诗篇。

元世祖忽必烈即位后，曾下诏说："国以民为本，民以食为本，衣食以农桑为本。"颁布"农桑之制"十四条，规定每人每年种桑、枣二十株。土性不宜者，可改种榆、柳。元朝司农司编纂的《农桑辑要》记述了元代扦插桧、杨、柳、桑、番石榴、杉等的技术，比前更有进步。

明太宜朱元璋即位后，下诏要百姓广植桑、枣、柿树，栗、胡桃，歉年可度荒，丰年可卖钱。这些树木是经济林木，但对环境亦有一定的好处。朱元璋认为农桑为国之本业，他曾亲自命令南京钟山植树 50 余万棵。公元 1394 年，又下令广植桑枣，每户初年 200 株，次年 400 株，三年 600 株，违者发配云南充军。这些命令，使全国的栽植经济林木的事业得到很大的发展。

在广东南澳岛天后宫，有一块石碑，碑高 2.7 米，宽 1.3 米，碑刻题为《南澳山种树记》，共 755 字。碑文先说海岛形胜，风光旖旎，接着说海岛缺乏绿化之憾，不禁喟然叹息。碑文的作者是明代万历年间（1573～1620）第九任南澳岛副总兵陈磷。他到任后目睹南澳山光秃秃的，觉得非常可惜。

他到处转，到处看，从山上来到山下，经过反复考察思考，不禁自语道："古人有种树之术和为政相似的说法，我今天非得试试它不可。"到任后一个月后，他决心要绿化荒山，于是把漳州卫指挥侯子锐、澄海所千户袁子庆、潮州镇抚杨子汪三位官员请到一块，对他们说：澳中佳山，土质优良，难道就长不了树，难道我们就不会栽树？只要你将树种下去，想到他日有用，种植的办法也就有了。树长大以后，要象爱惜琴瑟般地有节制地砍伐。种树不可"急利于目睫，商功于寸尺"。

一席话，说得这几个人连连称是，都说海岛植树，特别有益，可防风固沙，木材可免运进，又美化环境，利延数百年。于是，陈磷指出官粮结余，购松苗40000棵，杉苗30000余棵，即于万历癸巳年（1593年）冬，命令那三位官员带领本部兵马，分别在城后及左右各山脚下，都栽上树木。这好比是打一个大仗，借助士兵的力量，人多力量大，劳力又好调动，又给大家讲清植树的意义，使大家心甘情愿卖力植树，虽劳而无怨。而且植树这件事，干活不到一天，效益却可达百世有谁不愿意干呢？"陈磷在南澳岛任职只一年，便把全岛绿化了。这是古代军队绿化海岛的杰出事例。

清代还有一个植柳的故事，很感人。据《临沂县志》记载，乾隆皇帝南巡路过临沂，一位乡村学校的学生叫王卣，上了一道《敬陈利弊以供采扶疏》，其中专门讲了一段栽柳树的问题，他说："临沂、郯城风土半山半坡，素不产柳。驾行一过可知，每修河口出柳一千余束，发价到州，散与百姓各处采买。本境无柳，必向外州县出柳之处转行采买。运至河干，往返六百余里，非两月不能。采买困难，运解更难。我请求，以后把买柳树的钱拨给出柳的地方，让他们在河堤内外或随近旷土，官植官柳，着士兵看守十年，畅茂采用不尽，除免沂郯无柳之难，且能速济河弊之革者一也。有利则兴，有弊则除，庶不负我皇上驾幸沂郯巡狩大典。"这位少年朋友的建议，既考虑了绿化（除免沂郯无柳之难），又考虑到治河，而且提出让士兵护林的建议，这些建议确实可行，是很可贵的。

孙中山就任中华民国临时大总统时，在政府机构中设立了山林司，可见是很重视林业的。1924年在广州组织国民政府，又把植树列入《建国大纲》。在孙中山先生的遗训中，也提到要通令全国划分林区，广设苗圃，积极造林。

纵观我国古代的造林历史，就其主流来说，是经济林、用材林和薪炭林，但是，我们的祖先也是注意栽行道树、植保护环境的风景林和防护林的，这样一来，在我国环境保护的历史上就占有更加重要的地位。

栽行道树美化环境

> 只有服从大自然，才能战胜大自然。
>
> ——达尔文

如果说古代栽种果木主要是为了卖钱，栽行道树则纯粹是为了建设环境、美化环境。

我国行道树历史久远，可上溯到周代。周朝的制度规定“列树以交道，立鄙舍以守道路”。行道树就是表明道路的树木。那时主要树种是桑、梓。行道树在当时是作为国家的基本建设项目来搞的。在春秋时期我国河南新郑一带又用栗树作行道树了。位于现在河南的郑国作为当时的一个小国，能自立于大国之林，与名相子产的治理是分不开的。子产很重视植行道树之类的基本建设，《吕氏春秋》上说：“子产相郑，桃、李垂于街。”可见他已将桃、李等果树作为大街上的行道树种了。

秦始皇的驰道树也很著名。他统一中国后，下令大修驰道，即相当于现在的国道，驰道以京都咸阳为中心，东到山东半岛，西至甘肃临洮，北抵辽西，南达吴、楚旧地。驰道宽五十步，每隔三丈栽一棵青松。唐代诗人岑参有诗说：“青松夹驰道，宫观何玲珑？”说的就是秦始皇修驰道、树青松、大搞园池宫观的事。

长安古都自汉代起，街道两旁的桐、梓、槐树就很兴旺，这些大树遮天蔽日，给人们的生活带来了诸多方便和乐趣。当时长安城内太学附近的街道两旁，种有很多槐树，时称“槐市”。郁郁葱葱的槐市吸引了许多行人、学士，每逢初一、十五就到大槐树下聚会，讨论各种问题。

在南北朝时期，行道树益为人们所重视。前秦苻坚当政时（357～385）任用的大臣王猛，力主发展农林生产，兴修水利，振兴经济。王猛提出“自长安至诸州，都要种上行道树槐柳”，以此作为“整齐风俗、振兴国家”的重要措施之一。

公元6世纪，行道树开始用于标记大道的里程。在此以前，都是用土堠来标记大道里程的，土堠每每因雨淋而毁坏。自北周韦孝宽任雍州刺史时，就命令部下在过去应该有堠的地方，栽上一棵槐树代替土堠。这样既不用修复，行路人又可以在树下息凉庇荫。皇帝知道韦孝宽的做法后，大加赞赏，命令各地参照执行。于是各州的大道两旁普遍实行“一里种一树，十里种三树，百里种五树”作为路标。

晋代民谣说：“长安大街，夹树杨槐。”到唐代，长安已成为世界名城，城市建设规模更大，行道树当然也搞得很好。长安大街街道两旁栽着整齐的槐树，宫城、皇城广植梧桐、柳树。长安城有了宽广笔直的林荫大道，更加壮丽。王维《登楼歌》中就有“俯十二兮通衢，绿槐参差兮车马”的描述。当年长安街道两边有水沟，沟堤上栽有杨柳，它们与槐树一起，成为长安的主要绿化树种。有首诗说：“紫禁春色晓苍苍，千条绿柳垂青埙，百转流莺绕建章。”正是这种情况的写照。唐代宗时，一度出现城里行道树稀缺的状况。有关方面补栽了榆树。当时的京兆尹吴凑不赞成栽榆，说榆树不是理想的行道树种，因槐是我国古代最常用的行道树种，所以他叫人统统改为槐树。槐树树冠大，遮荫好，花多而香，枝条古朴典雅，不失为一种较好的行遭树。吴凑组织群众种植了许多槐树，后人常“指树怀之”。诗人元稹则不赞成用槐树作行道树，他在一首诗中写道：“何不种松树，使之摇清风。”据说当时因为用什么树作行道树，还争论了很长时间呢！

北宋首都汴梁（今开封）也是绿化较好的城市。当时汴梁城内街上栽有柳树、樱桃和石榴等树种。前些年联合国有关组织编写的《只有一个地球》还称道“宋朝的都城（汴梁），每条街上都是水声潺潺，花香袭人”，足证当时开封林木之盛。公元967年，辛仲甫为朝廷右补阙，第二年任彭州知州，见州内少种树，暑无所休，遂率领人民大种柳树以“荫行路”，后来人民群众为了纪念他，将这些柳树称作“补阙柳”。公元十一世纪初年，宋代的蔡襄（即著名的北宋四大书法家之一）为闽部使者时，积极组织当地人民栽种行道树，并取得很好的成绩。过了四五百年的明代，人们还都没有忘记这位学者组织栽种行道树、造福于民的功绩。

元朝世祖忽必烈很重视种树。他认为种树能使人长寿。他倡导在大道两旁每隔两步就种一棵行道树，使沙漠中的行人不致迷路。还设了专门的机构管理行道树。意大利旅行家马可波罗看到这些行道树时，非常赞赏。《马可波罗游记》中说，这些树不仅夏天可以遮荫，就是在冬天大雪盖地时，行路人也不致迷路。

除行道树外，我国古代在长城、运河、堤坝线上栽种树木的记载，也值得一说。前面已经讲到的秦始皇的榆溪塞即是在长城沿线植榆的例子。就连名声不怎样好的隋炀帝在开挖运河时，也曾下令在运河两岸栽种槐树和柳树。《大业杂记》说：“自东都（洛阳）至江都（杨州）二千余里，树荫相交。”隋炀帝开运河、植槐柳纯粹是为了自己游山玩水，当时给人民带来了深重的灾难，但人民用血汗挖开的运河却有利于南北交通，所栽种的槐柳护岸林也起到了美化环境的作用。在宋代，苏轼在杭州任职时领导群众修筑了著名的苏堤，苏堤筑成之后，又“植芙蓉杨柳于其上”，形成了闻名天下的“六桥烟柳”，而“苏堤春晓”，至今仍是西湖的十景之一。六桥烟柳，既是行道树，又是风景林，其美化环境的意义不可低估。

各代的植树情结

我们不要陶醉于我们对自然界的胜利，对于每一次这样的胜利，自然界都报复了我们。

——恩格斯

四川剑阁古川陕古道上有很多古柏，一直传说是三国时张飞栽的，旧称“张飞柏”。后经查是明代所植。《剑州志》说：“自剑门南至阆州，西至梓潼三百余里，明正德时知州李碧，以石砌路，两旁植柏数十万株……”

我国自古即有栽种柏树的传统。柏树材质坚实，是建筑、桥梁、造船、雕刻、家俱的上等用材。但是，柏树寿命很长，生长缓慢，作为用材林来对待，它往往是不能很快见效的。很多园林名胜、寺观祠庙都植着柏树，如陕西黄帝陵的轩辕柏；山东曲阜的孔林全部是柏树，由孔丘弟子子贡所植，已有2000多年；太原晋祠的周年齐柏已有3000年树龄；台湾阿里山有一株12人才能合抱的红桧，高54米，树龄也有3000年；陕西勉县诸葛亮墓前的20多株古柏，栽于公元262年。这些古柏，主要是为美化环境而栽，并作为风景林而受到历朝的保护。这样的例子，不绝于书。

在我国历史上，以保护环境为目的而进行大规模植树造林的例子也很多。

在长城沿线，过去有一条非常可观的榆树林带，又称“榆溪塞”。榆溪塞早在战国末年就开始建设，据史书载，共有两条：一条是秦始皇修长城时沿长城发展起来的林带，所谓“垒石为城，树榆为塞”，即指此。长城由今甘肃岷县顺洮河而下，又沿黄河往东，入宁夏遇贺兰山而北，至阴山山脉。今兰州东南有榆中县，在旧长城线上，县名即与植榆有关。西汉时又对榆溪塞进修维护扩展，使准格尔旗及神木、榆林诸县北部亦植了许多榆树。还有一条榆溪旧塞，这条旧塞不在秦长城沿线上，而是斜贯于东胜，准格尔旗次生黄土丘陵区。郦道元《水经·河水注》对旧塞说得很详细："诸次之水东迳榆林塞，世又谓之榆林山，即《汉书》所谓'榆溪旧塞'者也。自溪西去。悉榆柳之薮矣。缘历沙陵，届龟兹县西北，故谓'广长榆'也。"王恢云，"树榆为塞"，谓此矣"史辑认为，诸次之水就是现鄂尔多斯高原和陕北之间的秃尾河。沙陵指沙丘。龟兹故城，在榆林县北清水河上源处，即今榆林河源头。"广长榆"是指汉武帝时对这条榆塞县的扩展。由郦道元的具体描写，足见榆溪旧塞在南北朝时还相当可观。这条经过大规模栽种榆树而形成的绿色长城，其纵横宽广却远超过于长城之上。20世纪70年代在准格尔旗瓦尔吐沟、速机沟、玉隆太等地墓葬中发掘出鹿形铜饰件及明器，鹿为林中动物，这就可以知道，其地应当有森林；这些地方都在长城之内，故当地森林不限于长城之外。这个地区在当时不仅榆树成林，还有不少竹树。

从秦汉到明清，前后一千多年，我国北方生态条件已发生了很大变化，特别是过度垦伐和放牧，使北方某些地方风沙肆虐，气候恶化。河北宣化西侧的柳川河，号称"一川碎石大如斗，随风满地石乱走。"每当秋末春初，宣化城外的景象是："眼见风来沙转移，平沙莽莽黄入天"。据《宣化县志》记载，宣化城重建于清雍正十二年（1735年）到乾隆十九年（1755年）。当时，宣化"城西一带，年久积沙，高与城平，行人乘墉出"。知县黄可润、董其役让民众清除积沙，又为防止风沙再次于积城外，于是在"西门外购地十余顷，种树数万，筑长堤障沙，疏壕凿井，树得水皆成活，一望蔚然，沙患渐少"由于宣化城西城外沿城墙有一道由数万株柳树组成的防风固沙林带，有效地保护了宣化城市环境。尽管春秋起风的时候，城外风沙弥漫，城内却清风习习，不见沙土飞扬。这是我国历史上营造城市环境保护林带的一个成功的例子。

在我国的大西北，在清朝后期，环境严重恶化，其中主要是风沙危害加剧。面对这种状况，当时的有识之士并未无动于衷。清陕甘总督左宗棠，当年率部守卫西北边陲的新疆、青海、甘肃、宁夏、陕西等地时，整修了从西安经兰州至乌鲁木齐的驿道，同时下令夹道植树，主要栽植较耐旱的柳树、榆树，以保护路基。从西安西向，顺河西走廊，经过茫茫戈壁荒漠，直到北疆的伊犁、南疆的阿克苏等地几千里风沙线上，栽植了大量树木。后来见甘肃境内童山濯濯，赤地千里，左宗棠又下令在驿道及一切可种树的地方种树，并雄心勃勃地预言："十年之后，可衣被陇中矣。"1879年，左宗棠的同乡、部下杨昌浚，应左宗棠的约请来新疆访问，一路上见柳荫匝地，诗兴大发，写道："大将筹边尚未还，瑚湘子弟满天山，新栽杨柳三千里，引得春风渡玉关。"至今，兰州、天水、平凉、阿克苏等地仍可看到三围数丈的百年杨柳，这就是有名的"左公柳"。左宗棠曾经镇压过人民革命，但他绿化大西北的历史功绩以及保卫祖国西部边陲的成绩却是巨大的，我们应当给他以正确的评价。

我国古代植树造林源远流长，至迟在夏代（约前21~前16世纪）已开始栽培杏、桃，这可由成书于夏代末年的《夏小正》得到证明。

古代植树首先是营造经济林木。古人对营造经济林木的意义、适地栽树的原则、嫁接、移栽的技术和方法，以及由政府规定植树的措施等方面，都积累了许多极其宝贵的经验，我们的祖先至少在宋代就注意到选择适宜的树种，栽植薪炭林和用材林，这也是极为可贵的。经济林木的营造，不仅发展了经济，客观上对环境也有很大的裨益。

古代栽植行道树的历史至少可以上溯到春秋时期，古代的城市街道绿化久已闻名世界。至于像秦始皇承袭旧制，大规模营造榆溪塞这样的绿色长城及在全国驰道栽植青松的举动，固然给劳动人民加重了负担，但这件事对改善环境的意义，则是不容否定的。至于宣化知县发动群众植柳御沙护城，延亘3000里的大西北"左公柳"，亦是我们的祖先以植树抗风沙，改善和保护环境的壮举。不仅在我国环境保护史上写下了光辉的篇章，而且激励了我们今天开发大西北和征服沙漠的信心。

植树节的由来

人们常常将自己周围的环境当作一种免费的商品，任意地糟蹋而不知加以珍惜。

——甘哈曼

近代植树节最早是由美国的内布拉斯加州发起的。19世纪以前，内布拉斯加州是一片光秃秃的荒原，树木稀少，土地干燥，大风一起，黄沙满天，人民深受其苦。1872年，美国著名农学家朱利叶斯·斯特林·莫尔顿提议在内布拉斯加州规定植树节，动员人民有计划地植树造林。

当时州农业局通过决议采纳了这一提议，并由州长亲自规定今后每年4月份的第三个星期三为植树节。这一决定作出后，当年就植树上百万棵。此后的16年间，又先后植树6亿棵，终于使内布拉斯加州10万公顷的荒野变成了茂密的森林。为了表彰莫尔顿的功绩，1885年州议会正式规定以莫尔领先生的生日4月22日为每年的植树节，并放假一天。

在美国，植树节是一个州定节日，没有全国统一规定的日期。但是每年4、5月间，美国各州都要组织植树节活动。例如，罗德艾兰州规定每年5月份的第二个星期五为植树节，并放假一天。其他各州有的是固定日期，也有的是每年由州长或州的其他政府部门临时决定植树节日期。每当植树节到来，以学生为主的社会各界群众组成浩浩荡荡的植树大军，投入植树活动。

今日的美国，树木成行，林荫载道。据统计。美国有1/3的地区为森林树木所覆盖，这个成果同植树节是分不开的。

我国植树造林的历史，可以追溯到3000年前。植树造林、发展林业真正成为国家建设的战略任务，却是在新中国成立之后；而植树成为公民的一项法定义务则始于改革开放之初。

新中国成立以来，党和国家十分重视绿化建设。20世纪50年代中期，毛泽东就曾号召“绿化祖国”、“实行大地园林化”。1956年，我国开始了第一个“12年绿化运动”。1979年2月23日，在第五届全国人大常委会第六次会议上，根据国务院提议，为动员全国各族人民植树造林，加快绿化祖国，决定每年3月12日为全国的植树节。

1981年夏天，四川、陕西等地发生了历史罕见的水灾。根据邓小平同志的倡议，1981年12月五届全国人大四次会议审议通过了《关于开展全民义务植树运动的决议》。决议指出，凡是具备条件的地方，年满11岁的中华人民共和国公民，除老弱病残者外，因地制宜，每人每年义务植树3～5棵，或者完成相应劳动量的育苗、管护和其他绿化任务。决议号召全国各族人民“人人动手，每年植树，愚公移山，坚持不懈”。1982年的植树节，邓小平同志率先垂范，在北京玉泉山上种下了义务植树运动的第一棵树。

据联合国统计，目前世界上已有50多个国家设立了植树节。由于各国国情和地理位置不同，植树节在各国的称呼和时间也不相同，如日本称为“树木节”和“绿化周”；以色列称“树木的新年日”；缅甸称为“植树月”；南斯拉夫称为“植树周”；冰岛称为“学生植树日”；印度称为“全国植树节”；法国称为“全国树木日”；加拿大称为“森林周”。

全年12个月，每月都会有国家欢度植树节：

约旦的植树节是1月15日；

西班牙的植树节是2月1日；

伊拉克的植树节是3月6日；

法国于1977年规定每年3月为法定的“植树月”，月末那天为“植树日”，全国绿化这一天进入高潮；

日本于1922年规定每年4月1～7日为绿化周，4月3日（神武天皇祭日）为植树节；4月29日是该国的绿之日，也可以被当作该国植树节；

朝鲜的植树节是4月6日；4月和10月为“植树月”；

澳大利亚的植树节是5月的第一个星期五；

委内瑞拉1905年决定每年5月23日为植树节；

芬兰的植树节是6月24日；

墨西哥1954年的法令规定，植树节在每年6～9月的雨季举行；

印度的植树节是7月的第一周；

巴基斯坦的植树节是8月9日；

菲律宾的植树节已有70多年历史，他们把每年9月的第二个星期六定为植树节；

泰国的植树节是9月24日（也是国庆日）；

古巴的植树节是10月10日；

英国的植树节是11月6日至12日；

意大利1898年就决定每年11月21日为植树节；

叙利亚的植树节是12月的最后一个星期四。

塞内加尔每逢雨季一到，全国性的植树活动随即开始，时间持续长达半年之久，是世界上植树节最长的国家。

斯里兰卡：从1977年开始，每年的9月17日为植树节；

巴勒斯坦：1月6日是植树节；

埃及：每年9月至11月为植树节；

美国：美国各州都有植树节，但由于各地气候差异，全国无统一日期；

巴西：每年9月21日为植树节；

哥伦比亚：每年10月12日为植树节；

萨尔瓦多：植树节和教师节合在一起，在每年的6月21日举行；

瑞典：每年3月举行森林周活动。

爱护救助生物

舜帝不鞭打耕牛

人只有按照自然所启录的经验来生活。

——叔本华

上古的时候，中原大地上出现了一位很圣明的首领，他的名字叫做尧。尧带领着他部落里的人抵抗其他部落的入侵，与野兽作斗争，从事生产劳动，取得了辉煌的胜利，赢得了人们的尊敬和爱戴。但是，随着时间的推移，尧越来越感到自己的精力不济了，他想物色一位德才兼备的人来继承自己的位置。

一天，尧来到山坡上，看到两个青年人在坡地上耕地。一人扶着犁耙，一人手中拿着一只小小的簸箕，不时地在簸箕上咚咚地敲两下。尧觉得不理解，就上前问道："喂，你们俩这是在干什么呢？"

"我们正在犁地哩。"那个敲簸箕的青年人马上热情地回答。

"我还从来没有看到像这样犁地的，别人总是手中拿着鞭子驱赶牛耕地，你们是不是没有牛鞭了，所以就拿这种簸箕当牛鞭？"尧还是大惑不解地问。

“哦，您不知道，我们两人已经犁了大半天了，这一大片耕过来的地都是这头牛拉的犁。牛很累了，我们实在不忍心再拿牛鞭来抽打牛，所以我们就用这只簸箕换了牛鞭。敲打簸箕的咚咚声照样可以使牛拉犁往前走，而牛不再受那种被抽打的皮肉之苦了。”那个青年人很认真地说。

“哦，我明白你的用意了，原来你们是为了保护耕牛。”尧感到这两个年轻人心地很善良，又能出好主意，真是两个人才。尤其是刚才说话的青年人不仅心地好，说起话来头头是道，而且眉宇间有一股英武之气。尧心想：“我不正是在寻找我的部落首领的接班人吗？这个人就是我要找的人吧！”

正在这时，从山坡的那边走过来一个头发斑白的樵夫，那樵夫挑着一担子柴薪，看上去很累的样子。那位敲打簸箕的年轻人立即放下了手中的活计，对另一个人说：“你该休息一会儿了，牛也该休息一会儿了，我到那边去帮助那位老人把柴薪挑下山了再来犁地。”说完，他就跑过去帮助那个老人挑柴薪去了。年轻人一直将担子挑过了一个山头才回转身来。

尧问那个蹲在地头上休息的青年人：“帮助老人挑柴薪的人名字叫什么？”

“他的名字叫舜，是我们这儿后生中的榜样，他不仅勤劳、勇敢，又有好心肠，我们都非常喜欢他。这不，你瞧，这是他今天帮助的第三个人了。”青年人回答说，表现出非常佩服那个青年人的样子。

尧捋了捋自己的花白胡须，心中好像悟到了什么，连声说：“好后生，好后生。”

等到那个舜走过来之后，尧拍了拍舜的肩膀，对舜说：“我找的就是你这样的接班人啊！我看到了你不肯用鞭子抽打牛，说明你的心地善；你用簸箕替代鞭子，说明你的智慧高；你帮助老人挑柴薪，说明你的品德好；我刚才还听了你的同伴夸奖了你，说明你的人缘也不错。所以我想你可以做我的接班人。”

由于尧的赞扬，舜在部落里的名声越来越好。果然不久在尧的提议下，同时也是在部落人的推举下，舜继承了尧的位置，做了部落首领。

文王怒斥打猎之人

我们对环境的反映决定了我们的感受。

——戴尔·卡内基

商朝末年，有一个贤明的诸侯王，名字叫姬昌，后人称他为周文王。周文王治国，注意发展生产，体恤百姓艰辛，很得人民的拥护和爱戴。人民群众说他的恩德比山还重，连花草树木和飞禽走兽都能够感受到。

有一次，周文王要带着自己的文武大臣们到城外去了解民情。有一个名叫散宜生的上大夫出了一个主意，对周文王说："大王为天下日理万机，明天好不容易有点空闲出去轻松一下，我让两位大将已经做好了准备，在都城的南门外围成了一个猎场，大王可以一边了解民情，一边围场打猎，也好体现一下我朝君民同乐的升平景象。"周文王听完，想了想，没有表示反对。

第二天，周文王带领文武大臣出了南城门，来到了猎场。只见大臣们手中拿着钢叉利剑，带着黄鹰猎犬，非常威风。一会儿，大家在猎场周围布成了罗网。

周文王骑在骏马上，看到猎场里有各种各样的野兽和飞禽，心中想到，只要一箭射出去，肯定可以让那飞禽从天空中掉下来；一叉投出去，肯定可以让那狡兽倒在地上。这时，有左右递来了弓箭和钢叉。

可周文王将弓箭和钢叉放在了马背上，不忍射猎。他问身边的散宜生说："这儿原来没有围场，现在为何将围场设在此地？"散宜生在马上欠了欠身子，很快回答说："大王自羑里回来之后，臣很高兴，就在这儿设了一个围场，已有好几年了。平时不准任何人来这儿打猎，专等大王的到来。所以这儿的野兽珍禽很多。今日大王出城访民疾苦，正好顺便射猎，让大王的心情畅快一下；大臣们久在禁中，也可以跟着大王行乐一番!”周文王听了散宜生的话，没动声色，对大臣们问道：“大夫散宜生说的对吗?”随从们看到大王已要动手打猎了，哪敢败大王的兴致；况且自己好不容易有这一次与大王同猎的机会，岂能放过。就同声回答说：“大夫散宜生说得极是!”

周文王的脸上陡然变得异常严肃起来，对大臣们大声说：“大夫说错了！你们都跟着错了!”大臣们一听，人人面面相觑，以为周文王在说着玩儿的。只听周文王继续说道：“现在正是万物发舒的时候，我们怎么能随意捕杀取乐呢?过去我们的祖先伏羲帝从不打猎。有一次，伏羲的首相风后拿了一只野兽去献给伏羲享用。而伏羲对风后说：现在人们吃的荤腥都是动物的肉。人们为了自己能够有美味的东西吃，有可口的东西喝，就打猎以动物的肉为食，以动物的血解渴，以为这才是滋养之道。而不知那些野兽也是我们人类的朋友，我们去猎杀它们，于心何忍?”所以伏羲教育他的大臣们不要去打猎伤生。我今日也要像伏羲那样，宁可食五谷杂粮，不愿吃这禽兽的肉。让这些珍禽异兽备随其天性在这儿生活下去，彼此之间无伤无害，以养天和。”

这一次周文王没有在围场打猎，而是带着群臣到民间访民疾苦去了。后来周文王又派人将这个围场撤除，号令文武百官不要滥杀飞鸟走兽。周的臣民在周文王的倡导下，在限制打猎的同时，大力发展农业生产，老百姓并没有因为限制打猎影响生计。因此，西岐迅速强大起来，到了周文王的儿子周武王执政的时候，周以其强大国力再加上各诸侯国的拥护，打败了东方的商纣王，建立了一个新兴的王朝——周朝。

努尔古丽保护驼群的故事

> 橘生江南，逾江北为枳。
>
> ——俗语

努尔古丽起了个大早。她今天感到特别的高兴，因为爸爸妈妈允许她和弟弟一道去放牧驼群，这是努尔古丽梦寐以求的机会。努尔古丽是一名少先队员，平时总是喜欢和大人们一起去放牧，看到大人们骑在高高的驼峰上，皮鞭一甩，吆喝驼群的情景，心里有一种说不出的羡慕与向往。

努尔古丽帮助爸爸妈妈收拾了毡房，然后和弟弟吃了早饭。爸爸说："努尔古丽，你们可以走了。"努尔古丽高兴地跳了起来，拉起弟弟的手，就奔出了毡房……

在通往阿克达草场的大路上，努尔古丽和弟弟叶尔江一前一后驾着驼车、赶着驼群。在他们后面不远的地方，跟着邻居哈斯木和他的驼群。春天的草原美丽极了：初升的太阳暖暖地照在草原上，草原上绿波荡漾，野花竞放，蝴蝶在花丛中飞舞。远方的雪山，天上的白云，在广袤的草原上移动的驼群和羊群，构成了一幅多么美妙的图画！

就要到达阿克达草场了。努尔古丽手中的皮鞭一扬，驼群撒开蹄子，奔跑起来。不一会儿，她就把弟弟叶尔江甩在老远老远了。

草原上的春天，天气说变就变。刚才还是万里晴空，现在忽然狂风大作，乌云四合。闪电在天边撕扯着黑暗，轰隆隆的雷声引来了哗啦啦的大雨。努尔古丽跳下了驼车，挥动皮鞭，在驼群的前后左右奔忙着。大雨将她的红裙子浇了个透湿，最遭糕的是大雨未停，又下起了冰雹和大雪，气温骤然下降，冻得努尔古丽直打哆嗦。幸好，在努尔古丽的大声吆喝下，驼群没有跑散。这时她才突然意识到，后面还有弟弟和哈斯木。于是，她将驼群安顿好，转身朝来路奔去。

可是风雪太大，前方什么也看不清楚，弟弟在哪儿呢？努尔古丽在风雪中呼喊，没有回音。雪地上留下了努尔古丽深一脚浅一脚的脚印。

两个小时后，她终于找到了弟弟。原来弟弟和哈斯木在风雪中遇到了麻烦，有几峰骆驼在雷声中受了惊骇，四处乱窜。叶尔江和哈斯木为了将驼群集中到一块，累得精疲力尽，正在雪地上急得大哭。

努尔古丽鼓励弟弟和哈斯木说：“不要害怕，过一会儿天气就会晴的。再说，大人们知道我们遇到了困难也会来帮助我们的。”弟弟和哈斯木听了努尔古丽的话，心里宽慰了许多。他们商量了一下，决定先把驼群集中在一起。

驼群集中在一起了，可是风雪更大了。整个驼群开始骚动起来。努尔古丽想，草场是去不成了，现在要想办法将驼群保护好，把它们赶回去。可是当他们吆喝着驼群往回走的时候，驼群根本就不听使唤，硬是在原地打转。驼群有随时跑散的危险。怎么办？努尔古丽对弟弟说：“叶尔江，你快回去报告我们这里的情况，让大人们赶快来帮我们。我和哈斯木留在这里保护驼群！”叶尔江看到姐姐身上衣服单薄，说：“我们还是一道回去吧！”

努尔古丽坚定地说：“我们都回去了，那驼群肯定会走散的。你就别说了，快走吧！快去快回，一路小心！”叶尔江骑上一峰熟悉来路的大骆驼走了。

叶尔江走后，努尔古丽和哈斯木将驼群赶到一个避风的地方，然后吆喝着驼群一峰一峰紧挨着趴下。可是风雪太大了，气温也太低了，大小骆驼都冻得发抖，努尔古丽和哈斯木的手脚也都冻得发僵了。这时，努尔古丽担心四峰小驼羔受不了寒冷，就从驼车上取下了毡片和褥子给它们盖上，又把它们一个个抱到母骆驼的身边。这时努尔古丽和哈斯木才稍稍松了一口气。

时间一分一秒地过去，可是还不见叶尔江和大人们来，努尔古丽和哈斯木都有些着急了。努尔古丽对哈斯木说："这里有我，你也回去吧，快催大人们来帮助我们!"哈斯木看到驼群安静地卧在地上，就放心地走了。

寒风呼啸，大雪纷飞。努尔古丽又来回奔忙了半天，又将几只走散的大小骆驼拢到一块儿了，她认认真真地清点了一下数目，147 峰，一峰不少！努尔古丽的脸上露出了欣慰的笑容。

天色慢慢地黑了下来，努尔古丽感到太累了，于是她紧裹着单薄的衣服，靠在驼车旁朦朦胧胧地睡着了，她在梦中还在呼唤："弟弟快来呀，哈斯木快来呀，我们要一起保护骆驼……"

大雪覆盖了大草原，也盖住了骆驼的脚印。叶尔江和哈斯木带领着努尔古丽的爸爸和牧民们在草原上寻找努尔古丽和驼群……

天亮了，他们终于在一个土包下找到了驼群，147 峰安然无恙。可是努尔古丽在哪儿呢？大家焦急地在周围寻找，终于在不远的雪地上发现了一角红裙，努尔古丽被冰雪盖在下面，她的身体早就冻僵了……努尔古丽为了保护集体的驼群，献出了年轻的生命。

僧人保护动物

> 大船要在深水行。
>
> ——英国谚语

公元 14 世纪，一个叫奥杜烈的西方人在杭州西湖附近，参观过元代的一间佛寺。他看到一个剃着光头穿着长袍的和尚在精心饲养一群猴子。奥杜烈在自己的记录中绘影绘声、形容毕肖地描述了当时的见闻：

他从桌子上把装满残余食物的两个大小桶拿起来，跟着把那里灌木园之大门打开，我们便一齐进去。在这个灌木林里，有一个小山，山上长着茂密的树木广且有无数的洞窟。当我们站在那里时，他拿起一面锣，把它敲响。这时各类的大群动物，听见锣声，开始由山上下来，有的颇似类人猿、猴，以及许多似具人类脸孔之动物，为数约达三千头之多，均依常规，向他环绕，按等级站立。到了站定后，他把水桶放在它们前面，给予饲喂，摄食甚快。这些动物吃完之后，他再敲锣，它们闻声便全部回到老巢上去。

我因此大笑，便开口说道："请你告诉我，这是什么意思?"他答道："这些动物会成为君子灵魂之所在，我们这样饲养，完全是为着神的爱。"

然而我又问道："这些不过是各类粗野的动物，有什么灵魂?"他又答："他们是一无所有，有的只是君子们的灵魂。因为如果一个人是高尚的的话，他的灵魂会进入若干这些高尚动物的形体之内；但鄙野的人的灵魂，则进入低等动物的形相，而永远寄生其中!"我是反对他的说法的，但他除自己所讲者以外，什么都不相信。

奥氏记录的所见所闻，实际上是古代僧人办的一个动物园，里面饲养了各种猴子。据考证，当时是公元1330年。这位和尚饲养猴子，完全是唯心主义思想在起作用，连奥氏都不相信他的"君子灵魂之所在"的说法。但在客观上，确实起到了保护猴子的作用，而且有3000只之多，也算不简单啦!

中国幅员辽阔，山河壮丽，有不少名山大川，自古以来就。受到崇敬和爱护，这些名山大川中的生物资源也因其名而得到相应的保护；中国历史悠久，曾经有过光辉灿烂的古代文化，也出现过许多杰出的政治家、军事家、文学家、科学家和哲学家，他们的历史遗迹、纪念地遍布祖国各地，成为后代人们瞻仰怀念的地方，这些古代文化遗产及名人遗迹、祠堂、陵墓历来得到人们的保护，也保存了大量的古树名木；中国的宗教源远流长，其中佛、道两教更为普遍，他们在全国各地修建了无数大大小小的寺庙道观，由于宗教中某些教义的要求，也保护了不少动、植物资源。所有这一切，虽然与今天保护生物资源的宗旨与措施有天壤之别，但它们在客观上的保护效果却是不容否认的。可以说，他们是环境保护的同盟军。了解我国古代的名胜古迹的保护作用，有助于我们更好地理解《环境保护法》把名胜古迹、风景游览区列入环境保护范围之内的重要意义。

小学生保护白鳍豚

> 人不给自然留后路，自然也不会给人留后路。
>
> ——俗语

1992年1月的一天，在广东珠江口的大海边，有4个青年农民正在散步。在浩瀚的海面上，一排排巨浪携带着白色的泡沫、绿色的海藻朝岸边涌来。在沙滩上，随处可见垩白色的贝壳以及死去的小鱼和小虾。

“快来看啦！那是什么东西?”一个农民突然像发现了新大陆似地大声叫喊起来。

大家顺着他手指的方向，看到在不远的海面上飘着一个蓝灰色的东西。

“好像是一条大鱼!”一位农民显然掩不住情绪的激动，首先作出了判断。

“那就太棒了！少说也有几十斤吧。”

“要是一条大鱼，我们可就要发大财啦!”最后说话的那位农民一边说着，一边脱下了自己的鞋子、上衣和长裤，准备下海。

蓝灰色的东西越漂越近了，它的脊背在阳光下十分耀眼。

“哇！大鲸鱼。”那个下海的农民已经可以用手触到它的尾巴了。另外三个人也脱掉了鞋子和衣服跟着下了海，一起将“大鲸鱼”拖上了岸。

农民毕竟没有太多的海上知识，和鱼打交道的机会少。虽说他们将这家伙弄上了岸，但他们中谁也说不清楚它的名字。反正像鲸鱼吧，看，身体圆乎乎的，蓝灰色的脊背，白色的肚皮，不正像动物世界节目中在大海里游弋的大鲸鱼吗？

“嗨，这家伙还是活的，一双眼睛还在眨巴，大嘴还一张一合的。”

“管它活不活，先宰了，饱餐一顿，然后将剩下的拿到大街上卖个好价钱。”说话的农民边说边掏出腰间的大水果刀。正在这时，走来了一群小学生，他们上完课，正背着书包排着队走在回家的路上。他们看见几个农民捕获了一条大鱼，便好奇地围了过来。

“你们不能伤害白鳍豚！”一个脖子上扎着红领巾的小朋友突然挤了过来，大声说。

“毛孩子，多管闲事！”一个农民不屑一顾地瞪了小学生一眼。他手里拿着刀，正考虑着该从哪儿下手。

“你们不能这样干，否则是要负法律责任的！”那个小朋友继续大声说道。

“小朋友，看看那边大海上有多少人在打鱼？我们杀一条鱼，难道也是犯法？再说这鱼不是我们抓的，是它自己送上岸来的。小朋友，我们一起喝碗鱼汤吧。”

“这不是鱼，是白鳍豚。我们老师讲了，白鳍豚是受国家保护的珍稀动物。在我们国家，这种动物已经不多了，你们还伤害它，是要受到法律追究的。”小朋友说得斩钉截铁，不容分辩。其他小朋友听他这么一说，也纷纷说话了。其中一个小姑娘飞快地跑去报告有关部门。

4 个农民经小朋友们这么一说，面面相觑，一时没有了主意。

一会儿，那个小姑娘带着两位穿制服的叔叔来了，叔叔表扬了小朋友们保护动物的意识，给那 4 个农民说明了国家保护稀有动物的有关法规。大家一同将白鳍豚抬到珠江里放生去了。

张宇急中生智救天鹅

人类对自然生态的道德期望必须与其对自然生态的道德责任相联系，人类与自然生态之间必须建立一种等价交换机制，以此限制、消除人类对自然生态不负责任的邪恶行为和自利欲望的膨胀，匡正天人之间的严重不和谐关系。

——张立文《和合学概论》

1995年4月，北京市房山区教育局租林业局联合召开了一次“保护珍禽先进事迹表彰会”。会上，领导介绍了交道中心小学五年级学生张宇智救白天鹅的模范事迹，小张宇被授予了“优秀少先队员”的光荣称号。

1994年12月的一天，小张宇和妈妈到姥姥家去走亲戚。姥姥家住在另一个村子里，要走很远很远的路。母子俩穿过了一片片麦地，快到姥姥家村口的时候，小张宇突然听到了几声扑扑扑的声响，再仔细一看，在发出声响的地方还有一束麦苗在微微颤动。小张宇怀着一股子好奇心，跑过去一看，啊，原来是一只浑身洁白的大鸟。

“妈妈，快来看啦，这儿有一只大鸟！”小张宇大声叫喊起来。

妈妈顿时感到蹊跷：“这地方哪来的大鸟？况且听到大喊大叫也不飞走？”妈妈将信将疑地走过去，嘿，果然是有一只鸟。

“这不是白天鹅吗，怎么到了这儿呢？”妈妈感到十分惊奇。小张宇经妈妈这么一说，恍然大悟：“对了，这就是白天鹅，我在动物园看到过的白天鹅！”

“妈妈，您看这白天鹅是不是在这儿下蛋呢？”小张宇看到白天鹅还呆在那儿不走，就问妈妈。

“不会是下蛋吧，它大概是受了伤，飞不起来了。”妈妈一边回答，一边走近白天鹅察看了起来。

果然白天鹅是受了重伤，它的洁白的羽毛上有几丝血迹，一只眼睛还在流着血，上眼皮耷拉了下来。

“是偷猎者干的吧？白天鹅是国家珍稀动物，我们应该救救它！”小张宇对妈妈说。

“多可怜啊，我们先把它抱到姥姥家再说。”妈妈也动了恻隐之心。可是当小张宇过去抱白天鹅时，它实在太沉了。妈妈过来也费了好大的劲才抱起来，大概足足有一二十斤重吧。

走了一段路，满头大汗的妈妈觉得很吃力，对小张宇说：“我们还是歇一会儿再走吧。”

“那可不成，偷猎的人找来了怎么办？要不您慢慢走，我先到姥爷家报个信，让姥爷来接您。”小张宇说着话，撒开腿就往姥姥家跑。

当姥爷和妈妈刚刚把白天鹅抱回家不久，后面就跟来了两个壮汉。

“刚才是不是你们把我们的白天鹅抱回来了？”其中一个问道。

“凭什么说白天鹅是你们的？”姥爷回答说。

“别啰唆，在你们家就快点给我们，不然我们就不客气了。”其中的一人还蛮不讲礼。

小张宇听到这里，心想：“如果把这只受了伤的白天鹅给这两人，岂不是白白送了白天鹅的命吗！不，绝不能给他们！”

小张宇灵机一动，走上前大声说：“你们知道吗？白天鹅是受国家保护的珍稀动物，我们已经把它送到派出所去了，你们是不是要到派出所去？”两个壮汉听到这儿，两手一摊，无可奈何地走了。

为确保白天鹅的安全，小张宇让妈妈立即给派出所打电话。在房山区林业局领导同志的大力协助下，这只白天鹅当天就被送到了北京市野生动物保护站进行了精心的治疗。

又过了一段时间，白天鹅的伤口愈合了，定居在北京动物园。

放生金花鼠的故事

> 大自然是善良的慈母，同时也是冷酷的屠夫。
>
> ——雨果

小路和小曼同在北京的一所小学读书。小路读三年级，小曼读四年级。两个小朋友平时很要好，都喜欢小动物。

一天，小路去找小曼玩。小曼神秘地对小路说："小路，今天请你看一样好东西。"说完，小曼把小路带到了阳台上。小路睁大眼睛一看，哇，原来阳台上有一个小笼子，笼子里有两只可爱的小松鼠。小路问小曼："这是从哪儿买的小松鼠?"小曼回答说："这不是松鼠，是金花鼠。是我爸爸从市场上买回来的。每只15元钱哩!"小路想，这金花鼠多贵呀!

金花鼠的头呈三角形，一双亮亮的眼睛下面，长着一张小小的嘴。它的背上有五条黑色的竖线，全身的毛是褐色的，显得很可爱。

小曼给小路介绍说："金花鼠特别爱干净，每次吃完水果，都要洗脸、洗嘴。洗的时候，动作很快，用自己红色的小手摸摸脸，摸摸嘴，就算洗完了。"

"它们叫闹闹和乖乖，因为一个闹，一个乖，所以我才给它们取了这两个名字。"小路蹲在笼子旁边仔细观察了一会儿，发现它们两个老是要打架，一点也不乖。

据小曼说，有一次，小曼爸爸找了一个新笼子回来，他打开原来的那个小笼子，想把金花鼠转到新笼子里。没想到，刚打开小笼子的盖，只见乖乖嗖的一声钻出了笼子。小曼的爸爸把闹闹放入新笼子，把笼子关好，然后转过身去抓乖乖，乖乖东躲西藏，跑得非常快，小曼的爸爸在屋子里追了好半天，最后终于抓住了乖乖。没想到乖乖一着急，回过头来咬破了小曼爸爸的大拇指。小曼的爸爸把乖乖放到笼子里，心里有些生气。

小路和小曼知道金花鼠的食性很丰富，桃、梨、黄瓜，它们都非常爱吃。小路和小曼每人拿了一小块桃子，给金花鼠吃。她们将小桃块从笼子的网格中塞了进去。没想到闹闹吃完它自己的那一块，就来抢乖乖的。乖乖看到自己的小伙伴这么不讲理，显得很不高兴，但也没有什么办法。

小曼对小路说："平时闹闹多吃多占，但总也长不胖，而每次乖乖的食物被闹闹抢走之后，心里不高兴，就整天睡觉，好像睡觉可以解闷。前几天老是吃了就睡，睡觉多了，就渐渐地长胖了。睡觉的时候，乖乖好像有意要报复闹闹似的，总是把闹闹的地方占了，闹闹只好蜷伏在笼子的角落里。"

就这样小路和小曼一有时间就在一起照顾这两只可爱的小金花鼠，小金花鼠一天天长大了。

有一天，小路对小曼说："小金花鼠原来是生活在松林中的，我们不该图好玩把它们关在笼子里，应该将它们放回到松林中去。"小曼一听，完全同意，于是在一个星期天，小路和小曼提着装着两只金花鼠的笼子，一起到石景山游乐场对面的森林公园，把两只可爱的小金花鼠放生了。奇怪的是，它们两个小伙伴，一出笼子就各走各的了。小曼说："看到它们一出笼子便向不同的方向跑开，头也不回，我心中难过极了！"小路听到这儿，点了点头，一句话也说不出来。

在小路和小曼幼小的心灵里，多么希望这两只小金花鼠能够互相帮助、愉快地生活在一起啊！

伟子与大雁

大地给予所有的人是物质的精华，而最后，它从人们那里得到的回赠却是这些物质的垃圾。

——惠特曼

这是一座普通的农家小院，院墙上的小草在秋风中摇曳。伟子一家人又到了吃晚饭的时候了，伟子对爸爸说："爸，我们还是在院子里吃晚饭吧。"

伟子一边说着话，一边呆呆地望着秋天里蔚蓝的天空。

爸爸知道儿子的心思，儿子最喜欢的是听大雁飞过时那呼呼的声响和嘎嘎的欢鸣。

自打学会走路时起，伟子就对大雁产生了一种特殊的感情，每年秋天到来的时候，北方飞来的大雁总是从院子的上空掠过，它们有时排着一字形，有时排着人字形向南方飞去。伟子喜欢站在院子的中央，昂着头，眼睛一眨不眨地目送一队队大雁远去……

爸爸从里屋搬来桌子和椅子，妈妈摆上香喷喷的饭菜，一家人正要吃饭，突然，扑哧哧一阵响声从院子外边传来。伟子急忙放下碗筷，直冲院门奔去。

在院墙边的柳树下，一只大雁在地上拍打着翅膀，打着旋儿。伟子心里一惊，不好了，一定是一只受伤的大雁。伟子蹑手蹑脚地走到大雁的旁边，大雁停止了扑打，它好像并不害怕人，它睁大眼睛看了看伟子，开始用嘴梳理自己的羽毛。

“啊！不好了，它受伤了！”伟子发现在大雁的身子下有一些殷红的血。

“快把药箱拿过来。”爸爸说。

伟子把药箱拿来了，父子俩开始用药水给大雁敷伤。爸爸将大雁抱在怀里，伟子用棉团蘸了红药水给大雁涂伤口。然后他们将大雁抱回家，在家里的墙角下铺一些干草，让大雁躺在那儿休息。妈妈也拿出一碗食物和一碗水，放在大雁的嘴边。爸爸妈妈都忙家务去了，伟子一个人坐在大雁的旁边，像陪病人一样陪着它。一连几天，伟子给大雁换药、喂食，每天忙得不亦乐乎。大雁开始还很拘谨，几天之后，它就和伟子混熟了。有时，伟子在前面走，大雁就跟在后面嘎嘎地叫，怪有趣的。

一天夜里，突然下起了倾盆大雨，屋檐上的水哗哗地直往下淌。伟子担心大雁被雨淋着，叫醒了爸爸，想给大雁挪个窝，可是大雁硬是不愿意动。爸爸想了一个好办法，拿来一把大桐油伞，撑在了大雁的上面。大雁躺在暖和的干草上，平平安安地度过了一夜。第二天，爸爸用家里的木板给大雁做成了一座小房子，小房子里面铺了许许多多的干草。可以想象得出，大雁住在里头，一定非常舒服。

转眼到了冬天，伟子又和爸爸在大雁的小房顶上盖上了一层厚厚的干草和秸秆，以免大雁受冻。

冬天终于过去了，春天来临了，树梢上开始泛绿，院子里墙角下的小草探出了嫩芽。大雁的伤口已经完全愈合，它可以在院子里跳来跳去，有时还能飞上墙头。一天，伟子正在屋子里做功课，突然听到院子的上空传来一阵阵嘎嘎的雁鸣，接着是一阵大雁扑打地面的声音。伟子跑出来；看到院子的上空一队队大雁掠过，小屋里的那只大雁也跑到了院子的中央，伸长了它长长的脖子，望着天空，振翅欲飞。

伟子抱起大雁，用双手举过头顶，大声说：“飞吧，大雁！”大雁双翅一扇，直冲云天而去。伟子的眼眶里噙满了泪花。他望着他的那只大雁飞进了雁阵，它们的影子渐渐消失，它们的声音也渐渐地消失在遥远的天际……

蔡希陶与杜鹃花

非但不能强制自然，还要服从自然。

——埃斯库曼斯

在北京一家生物调查所里，一位20岁左右的年轻人正在专心致志地读一本美国人威尔逊写的书，书的名字叫《一个带着标本箱、照相机和火枪在中国西部旅行的自然学家》，读着读着，他的脸上阴沉了，眼睛里射出了愤怒的光芒……

这位年轻人名叫蔡希陶，是这家生物调查所的一名普通的练习员。他早就耳闻过，许多外国人——包括美国人、英国人、法国人、德国人、日本人和俄国人——都曾偷偷摸摸来到中国掠夺自然资源的标本。

他们未经中国政府的同意，没有任何手续，到中国的西部、南部等地方随意采集标本、毁坏植物、猎杀动物，如入无人之境。这本书中就记载了威尔逊自己在中国搜集了将近7万种植物标本，其中大约有5000多种被他偷运到了美国和英国。还有一位名叫傅礼士的英国人，曾7次偷偷进入云南，窃走了300多种杜鹃花的种子，他把种子撒在英国爱丁堡皇家植物园，取名叫什么“杜鹃花世界中心”。蔡希陶还听说，目前还有许多许多的带着标本箱和火枪的外国冒险家像幽灵一样在中国的植物王国里游荡。

真叫人痛心啊！蔡希陶心里暗下决心：一定要建立中国自己的植物研究机构，保护好我们自己丰富的植物资源。他决定首先从调查杜鹃花品种着手。

蔡希陶仅带了一个标本箱、一些干粮和采集标本用的工具，从四川宜宾出发，沿金沙江，徒步进入了云南省，一头扎进了大凉山。

大凉山人烟稀少，植物茂密，是典型的瘴疠之地。蔡希陶克服重重困难，忍受了疾病和饥饿的打击，在这个杜鹃花的王国里开始了他艰苦的跋涉。他一边调查杜鹃花的生长分布情况，一边给当地的老百姓治病，取得了当地群众的信任和支持。有的人给他带路，有的人给他扛行李和标本箱，使蔡希陶得以顺利地开展工作。

据蔡希陶的调查，中国有650多种杜鹃花，其中云南就占了420多种。真正的杜鹃花世界中心应该在中国，在中国的云南。但是当时的国民党政府根本就不重视科学，中国人在对于杜鹃花的研究和开发利用方面还是一片空白。

蔡希陶自己省吃俭用，总算攒了千把块钱。他在昆明郊外的黑龙潭买了十来亩地，盖了几座房子，办起了云南省农林研究所。但研究所办起来之后，经费和安全都无法保障，有几次，土匪还光顾了蔡希陶的研究所。但蔡希陶没有气馁，将杜鹃花的研究工作一直坚持到解放。

新中国成立之后，蔡希陶的研究工作进入了一个崭新的天地。他一心扑在杜鹃花的保护和开发工作上，建立了我国杜鹃花的研究中心——中国科学院植物研究所云南工作站。

保护自然资源

商汤爱鸟网开三面

钓而不网，弋不射宿。

——孙子

此典出自《史记·殷本纪》：有人在山上四面布网，祈祷鸟兽尽入网中，商汤发现后下令撤去三面只留一面。后因以“网开一面”喻法令宽大，恩泽遍施。回顾历史，秦朝采用商鞅重典治国，其结果是“邪并生，赫良塞路，囹圄成市，天下愁怨，溃而叛之”。所以治国之道重在化盗而不在禁盗，对犯罪应重在教育挽救，轻打击处罚。

我国最早有关环境保护的记载见于《史记》中关于商汤爱鸟网开三面的故事，说明古人已经认识到，要想利用自然资源，尤其是生物资源，保持良好的生存环境，必须注意保护，合理开发，反对过度利用。尽管初时认识不明确，但逐步深化，不断完善，到宋代，已初步认识到生态平衡的问题。

此外，我国自周代就有了较完善的环境保护机构及制度，加之中国人对祖先崇拜及几千年礼仪制度遵从的心理态势，使得这些古训和制度得到普遍的、严格的执行。上至国君诸候，下至平民百姓，把保护自然，爱护环境作为人们共同遵守的准则，这实质上已形成了一种历史文化环境观念，把人、自然、文化（礼仪、古训、法规等）看成一个相关的整体，这是传统伦理观念的具体体现。另外，我国古代的环境观、自然观及许多相关理论如风水相地学、“天人合一”的思想等，都为我们在今天的环境与景观规划中惊醒生态伦理问题研究提供了有益的启示。

要想利用自然资源，尤其是生物资源，保持良好的生存环境，必须注意保护，合理开发，反对过度利用。

里革割渔网护资源

> 天地为父母，父母为天地。
>
> ——王阳明

这个故事发生在春秋时期的鲁国。

有一年夏天，鲁国的国君带了一些随从到离首都不远的泗水去捕鱼。来到河边，选一处水深流缓的地方，鲁宣公正要亲自把网撒下去，突然来了一个人，一把抢过鲁宣公手里的鱼网，二话没说，扯了个稀烂，扔在了地上。

来人是这样急急忙忙，以至鲁宣公和他的随从还没有醒过劲儿来，他的动作就完成了。鲁宣公的随从们当然怒不可遏，这还了得，竟敢撕国君的鱼网？可他们看到撕网的人不是寻常百姓，而是当朝大夫里革，也就不好冒然发作，大家一个个都望着脸色尴尬哭笑不得的鲁宣公，只等他一句话，便可以一齐上前，把里革抓了扔到河里去喂鱼。

没等鲁宣公说话，里革走到鲁宣公面前，先开了口。

只听里革声情并茂地对鲁宣公说："古时候规定，大寒以后，藏伏在土里的昆虫才振作起来，掌管川泽禁令的水虞向人们讲习使用网钩捕鱼的方法，捕捉大鱼大鳖，拿到庙里举行祭祀，然后再让老百姓照着去做，这是帮助阳气上升；春天，鸟兽即将繁殖，鱼鳖正往大里长，掌管鸟兽禁令的兽虞便禁止人们使用兽网、鸟网之类的工具去捕捉鸟兽，只打一些大鱼来制作夏天用的鱼干，这是为了确保鸟兽的正常繁殖；夏季，鸟兽长大了，鱼鳖要繁殖了，水虞便禁止用细网捕食，只是设置陷阱捕禽兽，用来作供祖宗的贡品和宴请宾客，这样做只不过是有备无患而已。况且，古时就有规定，山上再生出来的树枝不应再砍，湖中未长高的水草不得去割，捕鱼不能连小鱼一块儿捕上来，捕兽不能捕猎小兽，应该让它们长大，要鞠育鸟雏、保护鸟卵以使它们长成，捕蚂蚁和蝗虫也要留下它们的幼虫。让万物繁衍生息，这是自古就有的规定。"说到这里，里革竟用手指着鲁宣公说，"现在鱼刚好在孕育，您不叫鱼鳖繁衍生殖，又撒网捕捉，简直是贪得无厌！"

里革的这一番话，直说得鲁宣公的脸红一阵白一阵，不住地撇嘴。鲁宣公的那几个随从们暗自幸灾乐祸，心说，好你个里革，你撕了网不说，还敢点着鼻子指责国君，这不是老虎嘴上拔毛吗？哼，你别神气，只要鲁宣公一句话，管叫你这辈子再也神气不起来，说不定连你的小命也得搭上。

里革说完，大家面面相觑，都望着鲁宣公，许多人的眼神里似有为鲁宣公打抱不平的意思，甚至有人都做好准备，只等主子一声令下，便把里革拿下。

鲁宣公却低下了头，好半天没说话。

过了一会儿，鲁宣公忽然抬起头来，把里革拉到自己的身边，说："我有错，里革给我指出来了，这很好嘛。这条破网真好，它给我带来了古人之法。你们给我把这条破网好生保存起来，让我永远不忘记它。"

在这个故事里，里革很系统地向鲁宣公申述了古时保护生物资源的规定；作为一个诸侯国君，鲁宣公并没有因为里革撕了他的网、当面指责他而恼羞成怒，而是在听了里革申述的古训之后，敢于承认自己的错误，并表示决心改正，出乎人们的预料。这清楚地告诉我们，周代保护生物资源的规定十分具体和严格，什么时节可以采伐草木，什么时候可以捕猎鸟兽鱼虫，什么时候不能，以至于采捕什么样的，都有非常明确的规定；周代生物资源保护的范围相当广泛，不仅包括草木鸟兽鱼鳖这些与人们生活关系十分密切的生物资源，还包括了蚂蚁和蝗虫之类的昆虫；周代保护生物资源的目的十分明确，是出于使生物资源得以繁衍再生的需求，迷信成分不占主导地位，主要依据的是科学成分；周代不仅有保护生物资源的专职官员水虞、兽虞等，而且建立了比较完善而又被普遍执行的制度，以致连诸侯国君都不敢违犯它，这确实是非常不易的。总而言之，从里革撕网的故事可以看出，先秦对环境保护，尤其是生物资源的保护是多么重视！

管仲投身环保

只有顺从自然，才能驾驭自然。

——培根

管仲是春秋前期齐国人，名叫夷吾，生于何年已难以查清，死于公元前645年。他早年跑过买卖，后被齐桓公任命为宰相，辅助桓公进行了一系列政治、经济改革，使齐国很快强大起来，曾九合诸侯，一匡天下，使齐桓公成为春秋第一霸。管仲的言论集中在《管子》一书中。

管仲在齐国为相的时候，从发展经济、富国强兵的目标出发，十分注意山林川泽的管理及生物资源的保护，在《管子》一书中比较充分地阐述过他的一整套保护思想。

管仲认为山林川泽是很重要的自然资源。他说，山林川泽是生产自然资源的地方。如果山岭不是光秃秃的，而是长满了树木，人们就不缺材木用；如果河湖不败坏，而能好生经营，人们就不愁鱼不够吃。

有一次，管仲对齐桓公说，不能很好地保护山林川泽的人，不配当国家的领导人。齐桓公问他：这话怎么讲？他回答说，山林川泽是出产薪柴、木材和水产品的地方，政府应当把山林川泽管起来保护好，到一定的时候，让百姓到山里去樵柴，下水去捕鱼，然后政府按官价收购，人民也可以因从事这些营生而得到效益。齐桓公很赞同他的说法。

管仲在总结黄帝、有虞、夏后、殷人等古代帝王处置山林川泽的经验教训的基础上，明确提出并实行了保护生物资源的政策。

管仲对山林川泽实行了严格的国家垄断。他说："如果山里面有丰富的自然资源，就要封山，禁止樵采。有动封山的，罪死而不赦。有犯令者，左足入，左足断，右足入，右足断。"

管仲主张用立法和执法手段保护生物资源。主张普遍建立管理山林川泽的机构，设置官员。他向齐桓公提出了"泽立三虞，山立三衡"的建议，又提出了虞师的职责是要制订山林防火的法令，把山林川泽看管起来，不让人们随便去采集捕猎。他说，山林川泽是出天财的地方，要按时封禁和开发，使百姓有足够的木材盖房子，有足够的柴禾做饭吃。这就是虞师应该干的事。他的这些论断多次被后人引用，可以称得上是关于虞师职责的权威性论述。

管仲反对对山林川泽的过度开发。他说：山林虽然离得近，草木虽然长得好，但建造房屋宫室必须有个限度，封禁与开发必须有一定的时间。他又说：山泽虽然广阔，却不禁止滥伐草木；土地虽然肥沃，种植桑麻却不得其法；牧草虽然多，饲养六畜却征收赋税，这就等于堵塞了物质资源的大门。

管仲关于山林川泽"以时禁发"的原则，体现了对自然资源实行保护与利用相结合的思想。

管仲在一篇叫做《问》的社会调查提纲中，明确提出，工尹砍伐木材，不得在春、夏、秋三季进行。在《轻重己》篇中，具体规定了春、夏、秋、冬四季的禁令。如对于夏天的禁令，是这样规定的：从春分那一天算起，数46天，即为春天结束、夏天开始之日。天子要发出号令说："不要干兴师动众的事，不要纵大火，不要砍倒大树，不要诛杀大臣，不要斩伐大山草木，不要割水草烧灰。"他说："春政不禁则百长不生，夏政不禁则五谷不成。"这些话体现了管仲保护生物资源、合理利用生物资源以使之正常增殖的明确认识。

管仲认为管制山林川泽，保护生物资源，并不是把山林川泽封禁起来不让利用，而是按照规定的的季节开放，让人们去利用其间的生物资源。有一次，齐桓公问到一个国家的国本是什么？管仲认为"人最怕的是饿肚子，怕税敛太重。解决的办法就是按时开放山林川泽让人们去利用而不征税。又说，山林川泽草木鸟兽鱼鳖各以规定的时节去采伐猎捕，老百姓就不会不守法度，滥采乱伐，就会重视农业生产。他提出了有名的"泽梁时纵"、"山泽各以时至"、"以时禁发"的口号。这里，不管"泽梁时纵"也好，"山泽各以其时至"也好，"以时禁发"也好，关键是一个"时"字，即按照规定的时节进行。管仲还以经济手段来保障他的"以时禁发"的政策，制定了"毋征薮泽以时禁发"，和"山林泽梁，以时禁发而不税"的政策，意思是山林与水泽只要按时封禁与开放。老百姓在开放时间内去采集捕猎都免征赋税。没有雄才大略的人，是不敢制订这样的政策的。

管仲的保护思想的重要特点之一，就是他的保护措施同经济发展和国计民生相配合，成为富国强兵方略的一个重要组成部分。从上面的记事中可以看出，他采取的许多禁发措施都是保障农业生产发展的。关于这种思想，他自己讲得很清楚："山林虽广，草木虽美，禁发必有时；国虽充盈，金玉虽多，宫室必有度；江海虽广，池泽虽博，鱼鳖虽多，网罟必有正，船网不可一财而成也。非私草木爱鱼鳖也，恶废民于生谷也。故曰，先王之禁山泽之作者，专民于生谷也。"这段话翻译过来是：山林虽然广大，草木虽然长得好，但封禁与开发必须有定时；国家虽然富裕，金玉虽然很多，兴建房屋宫室必须有限度；江海虽然广阔，湖沼虽然众多，鱼鳖虽然丰富，渔业必须由公家管理，拥有船网的老百姓不可只依靠渔业来维持生活。这并不是专门偏爱草木鱼鳖，而是怕老百姓荒废了粮食生产。所以说，先王所以要禁山泽，限制人们进山砍伐、下水捕捞的活动，为的就是使人们专务粮食生产。

管仲的保护思想，对后世影响很大。从今天的观点来看，我们不能完全赞同他采取的某些措施，但是，他的“以时禁发”的观点，合理利用自然资源的观点，把生物资源保护与生产发展紧密结合的思想，直至今日，仍值得我们认真研究和借鉴

孟轲提出顺应自然

保护环境，就是爱惜生命。

——佚名

孟子名轲，战国时邹国人，大约生于公元前372年，死于公元前289年，是继孔子之后儒家学派一个重要的思想家和社会活动家，后称“亚圣”，著作有《孟子》7篇。

孟轲主张爱护生物，但对生物不必讲仁爱，若讲仁爱，也是先百姓而后万物。宋朝大儒学家朱熹说孟轲的这种说法的意思是对生物资源要“取之有时，用之有节”，也许是对的，因为孟轲确实论述过使粮食、鱼鳖、材木取之不尽，用之不竭的条件。他说：不耽误老百姓春耕、夏耘、秋收、冬藏的时节，五谷自然吃不完；细密的网不要放到深水塘内捕鱼，即不要捕小鱼，鱼鳖自然吃不完；斧斤按照规定的时间进山采伐山林，材木自然

用不尽。

孟轲认为如能认真保护生物资源，生物资源就会丰富起来；反之，就会枯竭。他以齐国的牛山为例来说明这个道理。他说：齐国牛山上的树木，从前是长得很茂美的，只因为它在都城的郊区，人们都去山上砍伐，这怎么能保持山林的茂美呢？牛山上的树日夜都在生长，雨露在滋润，并不是没有新芽生长出来，可是牛羊随时去吃它，所以才像现在这样光秃秃的呢！

所以，如果能认真保护，没有哪一种生物不能生长；如果缺乏保护，没有哪一种生物不会消亡。

显然，孟轲关于生物资源"苟得其养，无物不长；苟失其养，无物不消"的观点是正确的。但是，孟轲反对开荒，反对地尽其力。曾主张对善战者——孙膑、吴起，要处以极刑；对连络诸侯者——苏秦、张仪，要服刑次之；开荒、用尽地力者——李悝、商鞅之类，服刑又次之。按照今天的观点，种植当然不应用尽地力，但孟轲是反对李悝、商鞅开荒，并说他们是用尽地力，那就有些过头，从这里不难看出，孟轲自己是反对开发、崇尚自然的。

孟轲还有一段有名的话，大意是说，天下人要研究万物的本性，研究历史的原来面目就行了。既往的历史，就是以自然为本。令人讨厌的是，有些自作聪明的人，专好按照他们的私愿来改变自然的本来面目。如果聪明人能像大禹引水流行那样，我就不会讨厌他们了。大禹引水流行，就是行其所无事，使水流恢复到原先的自然状态。如果聪明人做事情也能不改变自然界原来的面目，那他的聪明才智就大了。

过去注家对"行其所无事"有种种解释，多不通。朱熹说是"禹之行水，因其自然之势而导之"，虽说明了大禹治水成功的原因，但并未说明"无事"二字的含义。实际上，"无事"是"无所事事"或"无所作为"之意，意思是在大自然面前不必做什么，不要扰动大自然，"行其所无事"即指设法恢复到原先未受扰动的状态。这正体现出孟轲崇尚自然的思想。

孟轲非常强调环境对人的作用。他从齐国范城来到齐都，望见齐王之子，叹道："人所处的环境足以改变人的气质，人所得到的奉养足以改变人的体质，环境的作用真大呀！这本来是有一定道理的。但他又引申说，鲁君和宋君说话的声音相似，不是因为别的原因，是因为他们所处的环境和地位相似。这就过分夸大了环境的作用，陷入了环境决定论的泥沼。

由上面的记事可以看出，孟轲虽然主张对生物资源要取之有时，用之有节，主张保护，但他过分崇尚自然，过分强调维持自然的本来面目，过分强调环境的作用，因而他的保护思想的主流是保守的，是消极的保护思想，包含着一定程度的反对开发的意思（如反对开荒）。孟轲的保护思想，同现今西方某些主张回到原始状态的消极保护论者的主张，很有些相像。

荀况主张顺应与改造自然

人法地，地法天，天法德，道法自然。

——老子

荀子名况，战国时期伟大的思想家，教育家，约生于公元前313年，死于公元前238年。赵国人。他批判地总结了先秦诸子百家的学术思想，发展了古代唯物主义，著有《荀子》一书，共32篇。

荀况继承和发扬了管仲的保护思想，使管仲的保护思想更加系统化和理论化。

荀况认为大自然运动的规律是客观的，不以人们的意志为转移，这就是所谓“天行有常，不为尧存，不为桀亡”。他认为人应当根据自然界的客观规律来主动地改造自然，利用自然资源。

他说：崇敬大自然而思慕大自然，哪里比得上把大自然当作物来养护它、控制它呢？听天由命而赞美大自然，哪里比得上掌握自然的变化规律而利用它呢？盼望天时而等待大自然的恩赐，哪里比得上顺应季节的变化而使天时为人们服务呢？听任万物自然增多，哪如施展人的才能而对万物加以变革使之朝有利于人的方向发展呢？想着万物为我所用，哪如调理万物而使万物得到充分合理的利用呢？整天去仰慕万物怎样产生，哪如去促进已经生成的万物更好地成长呢？所以放弃人为的努力而指望天的恩赐，那就脱离了万物消长的实际情况。自然界是没有意志的，它不会恩赐给人以什么东西。

在利用自然、改造自然的问题上，孟轲主张要尽量保持自然的本来面貌，实际上是一种消极保护的观点。战国时另一位大思想家墨翟则担心自然资源枯竭，对未来忧心忡忡，实际上也是一种悲观论。荀况反对这两种极端的观点。他认为如能顺应自然资源特别是生物资源的消长规律去开发它，利用它，资源就不会枯竭，还会丰富起来。

荀况曾特别批评了墨翟的悲观论，他说，墨翟的话显然是担心天下的生活资料不足。这种认为资源不足的观点，并非天下人人都有这种担心，而只是墨翟他自己的多余的担心。现在是土地就能长五谷，如果人能妥善经营，一亩可以收获数盆，一年可以收获两次；同样，每一株瓜果结的果实就可以数以盆计；同样，葱蒜及各种蔬菜可以堆积如山；同样，家畜、家禽和借物每一样都可以装满一车；各种鱼类按时生育，每一种都可以繁殖成群；同样，各种飞禽可以多得浩如烟海；同样，昆虫及各种生物都会在其间繁衍，可以互食互养的生物是不可胜数的。

荀况在这里提出的生物之间互养互食的问题，当然不能理解为仅指人吃的东西，应该说还包含着各种生物之间的养食或依赖关系，如，六畜吃五谷、蔬菜，昆虫吃瓜菜桃李，飞鸟、落雁吃昆虫或五谷，等等。同样具有模糊的食物链观念。

荀况的“万物各得其和以生，各得其养以成”的论断，也反映了他对生物之间互相协调、互相依赖关系的认识。这里的“和”就是相互协调，“养”就是前面所说的“食养”，这当然是一种互相依赖的关系。

荀况认为，生物资源会不会枯竭，关键看能不能合理利用，能不能在利用的时候注意养护，在养护的同时充分利用。

他说："养长时，则六畜育，杀生时，则草木殖。"意思是说，养护和斩伐如能按规定的时节进行，六畜和草木都会繁荣茂盛。他一再重申管仲的某些主张，如"山林泽梁，以时禁发而不税"等，还特别说明了"以时禁发"中的时间确定的原理：当草木正在开花结果的时候，不准带刀斧进山砍伐，不能使其夭亡，不能断绝其生长；当水中的鱼鳖正在产卵生育的季节，不准带网具和毒药下水捕捞，不能使其夭亡，不能断绝其生长；春耕、夏耘、秋收、冬藏，这四个环节不误农时，那么五谷就会多得源源不绝，老百姓吃也吃不完；池塘、湖沼、河川若严格遵守在一定时节内不得捕捞的禁令，那么鱼鳖会格外多，老百姓用也用不完；砍伐和养护不违犯规定的时节进行，那么林木就会长起来，山岭不会是光秃秃的，老百姓就会有用不完的木材。从《荀子》的这段话里可以看出，掌握禁发的时间的原则，就是要顺应生物的繁育生长规律，"不夭其生，不绝其长"，可以说，这是根据当时的科学认识提出的。而保护的目的，仍在于发展生产，保障供给，因而可以说是有积极意义的。

刘安与刘向的努力

唯有了解，我们才会关心；唯有关心，我们才会采取行动；唯有行动，生命才会有希望。

——珍·古道尔

先秦形成的环境保护思想在汉代并无进一步发展，环境的破坏日益严重。只有少数人还念念不忘先王保护之法，用心对先秦诸子百家关于环境保护的论述加以归纳，整理和总结，其中最突出的，就是刘安和刘向。

刘安是汉高祖刘邦的孙子，江苏丰县人，西汉时思想家、文学家，生于公元前179年，死于公元前122年。刘安为人好读书鼓琴，不喜欢骑马打猎，也想给老百姓办点好事，以博取好名声。后造反不成，自杀。他曾邀集门人编撰的以道家为主的杂家著作《淮南子》21卷，有不少自然科学史材料，其中第九卷《主术训》专门总结了先秦关于生产与保护、开发和抚育的基本思想，从反、正两方面进行了分析。

《淮南子·主术训》在讲到不注意保护生物资源的危害时说：国君如果喜欢凶鸟猛兽，用珍奇古怪的东西，凶暴急躁而不务农事，不爱惜民力，骑马打猎不按规定的时节进行，这样的话，百官就会跟着学坏，问题会接二连三出现，而物质则越来越缺乏，老百姓会忧愁困苦，生产会遭到破坏。这里说的是国计民生的大事，要国君不要骄奢淫逸，其中也包括要遵守按规定时节出猎的政令，可见对环境保护的重视。

在《主术训》的另一段话里，又系统地论述了环保的重要性：粮食是老百姓的根本，老百姓是国家的根本，国家是国君的根本。所以作国君的人应该上顺天时，下尽地里的物产，中用人力，这样，各种生物才能生长起来，庄稼才能长得好。要教育老百姓养畜马、牛、羊、犬、猪、鸡，按照节令种植庄稼，一定要修整好田地，栽植桑麻。土地的肥力有高有低，要因地制宜地栽种不同的作物。丘陵山地不适于种庄稼的，就种树栽竹，春天可采伐枯槁的枝干，夏天可采摘瓜果，秋天可收获粮食贮存蔬菜，冬天可砍伐薪柴，以满足老百姓生活之需。所以先王的法令是，打猎的不能把野兽都打尽，不能猎取幼兽，不要用排干水的办法把鱼一打而尽，不能用放火烧林的办法捕猎禽兽。未到豺祭兽的时候（指每年十月），不得在野外用鸟网兽网打猎。未到獭祭鱼的时候（指开春以前），不能使网下水捕鱼。立秋以前，不能进山捕鸟。不到冬天草木零落的时候，不能进山砍伐树木。昆虫未藏伏起来的时候（指上冻），不能用火烧田。正在怀胎的兽类不得捕杀。不得到鸟巢里探取鸟卵。鱼未长到一尺长以前不要捕。猪未满一年不得宰。这样的话，草木长起来如同蒸气冉冉向上，禽兽归来象流泉一样源源不断，飞鸟归来象烟云一样遮天蔽日。之所以这样，是因为实行了先王的这些法令。所以先王的政策是，立春之后要修整田亩，三月以后要整修道路，十月要修桥梁，三月种谷子，四月种黍豆，八月种冬麦，九月开始收藏，砍薪柴。要把这些政令上告于天，下告于民。先王之所以按照时节做好这一切工作，富国利民，实在是看得很宽，想得很远，其政策是十分完善的。

《淮南子》中的这段话，是对先秦环境保护政策的系统总结。其中关于保护生物资源的一系列具体规定，体现了合理利用和与农业生产密切结合的特点，可以说是古代生物资源保护政策的最完善的论述。

刘向名更生，字子政，西汉经济学家、目录学家、文学家，生于公元前 77 年，死于公元前 6 年，曾当过汉成帝时的光禄大夫等职，整理过古书目录，著有《说苑》、《列女传》、《新序》等书。刘向的《说苑》是一本史论性著作，分类编辑先秦至汉代的史事，中间杂以议论，主要是阐发儒家的政治思想和伦理观念。

刘向在《说苑》中重申和强调的环境保护要求，主要是打猎、采集和捕捞等方面的。

在打猎方面，强调四季打猎的不同要求。其中强调春夏秋冬四个季节，不论哪个季节打猎，都要考虑在农闲的时候进行。同时四季又要有所不同。春天打猎叫“春蒐”，意思是对打猎对象要有所选择，蒐为索之意，即择取那些不孕的鸟兽来作为猎取对象；夏天打猎叫“夏苗”，夏猎的主要对象是那些对禾苗有危害的鸟兽；秋天打猎叫“秋弥”，意思是可以杀掉要猎取的鸟兽；冬天打猎叫“冬狩”，意思是到了冬季，鸟兽已经长成，可以获取它们了，不必选择哪些可猎，哪些不可猎，可以采用合围的方法进行猎取。“春蒐、夏苗、秋弥、冬狩”的主张，显然包含着使鸟兽正常繁衍的积极意义。只是说冬天打猎可以采用合围的办法，这是不对的。

刘向同样强调，打猎的时候，天子不能用合围的办法搞斩尽杀绝，大夫不能成群成群地捕杀野兽，士不能捕杀小鹿小鸟，不能覆巢探卵。强调开春以前，不能撒网捕鱼；立秋以前，不能张网捕鸟；立冬以前，不能进山采伐草木；上冻以前，不能放火烧田。刘向还以伯益为例，说伯益主持虞部，川泽管理得很好，这是最大的功德等等。

但是，从汉代开始，关于山林川泽要不要管制的问题已有了争论，加上人口增加，对粮食的需求日益加大，以及灾荒饥馑的屡次发生，这些保护政策并没有得到严格的执行，生物资源的破坏也逐渐多了起来。

为保护自然资源的“论战”

> 谁道群生性命微，一样骨肉一样皮。
>
> ——白居易

西汉在汉武帝刘彻当政期间（前140～前88），在经济上实行统一铸钱、盐铁官营、均输平准和酒类专卖等政策，其中包括对山林川泽的严格管制。这些措施大大抑制了大地主大商人势力。汉武帝死后，昭帝即位，大司马大将军霍光掌权，他代表大地主大商人的利益，想改变汉武帝时的经济政策，于是在昭帝始元六年（公元前81年）二月，召开了一次专门讨论经济政策的所谓“盐铁会议”。会议上，以各地选拔的一批叫做文学、贤良方正的儒生为一方，以帮助武帝制订经济政策的主要人物、相当于副丞相的御史大夫桑弘羊为另一方，展开了激烈的论战。论战的中心议题是盐铁官营、均输和酒榷等问题，特别是盐铁官营问题上，盐铁出自海中或山中，故也涉及山林川泽的管制问题。

文学认为，盐铁官营阻碍了农业的发展，应该开放。他们打着“泽梁以时入而无禁”的旗号，实际上是反对对山林川泽“以时禁发”。

桑弘羊认为盐铁官营正是为了保障农业发展，增加国家的财政收入。国君应该控制自然资源。不能没有管理。

文学认为，自然资源本来是很丰富的，有许多地方砍倒树木就能种田，烧掉野草就能播种，简单的火耕水耨就可以长庄稼，那些地方所以穷，是因为那里的人懒惰，不像古时候那么俭朴，过于奢侈。他们还引用《孟子·梁惠王上》的一段话的大意，说："孟子云：不违农时，谷不可胜食。蚕麻以时，布帛不可胜衣也。斧斤以时入，材木不可胜用。田渔以时，鱼肉不可胜食。"又说，如果一味装饰宫室，增建亭台房舍，木工把大木料砍小，将圆的变成方的，建筑物搞得高如云彩，大如山林，那么木材一定不够用。男人放弃农业生产，去从事工商业，雕镂刻画各种飞禽走兽，并且力求和真的一样，变化万状，那么粮食就会不够吃。妇女刺绣精心细致，做成各种各样的花纹图案，用尽技巧，那么丝绸布匹就不能满足穿衣的需要。厨师煮杀兽胎、蛋卵、油煎火烤、精心烹调，力求五味齐全，这样鱼肉就不够吃了。

贤良方正在谈到奢侈造成的物资匮乏的情况时，再次陈述了古代礼仪，并作了古今对比：古时候，粮食蔬菜水果，不到成熟时不吃；鸟兽、鱼、鳖，不到该杀时不杀。因此，不在池塘里撒网捕小鱼，不到田野上猎取小鸟、小兽。现在则不同，有钱的人张网猎取，捕捉幼鹿、小鸟，为了酗酒作乐，他们网撒百里山川，宰羊羔，杀小猪，剥小鸟。春季的小鹅，秋天的小鸡，冬天的葵菜和韭黄，香菜、嫩姜、辛菜、紫苏、木耳、虫类、兽类、没有不吃的。

对于贤良文学们所抨击的不爱惜生物资源的时弊，以及重申古代保护生物资源的措施，这本来是合理的；但是，他们提出的纠正的办法是，老百姓奢侈，就要诱导他们节俭；老百姓节俭，就引导他们懂得礼仪。现在公卿大夫和他们的子孙如果真正节减车辆，穿规定的衣服，亲自厉行节俭，做厚道朴实的表率，罢掉园地，减少土地、住宅，官府既不限制市场经商，也不要管理山林川泽的资源，提出所谓"内不要管市，外不要管山泽"的主张。这样的主张即或可以改变奢靡之风，开节俭之道，但它反对的仍是盐铁官营、酒类专卖政策，并不能使山林川泽得到保护，反而会使草木鸟兽鱼鳖在毫无法制管理的情况下，任人采集捕猎，这必然会对生物资源造成破坏。因此，从保护的观点看，贤良文学们的政见是极不可取的。

桑弘羊认为，自然资源没有不丰富的，山海的物产没有不饶足的。他举例说，吴、越一带的竹子，隋、唐地方的木材，多得用不完，但是曹、卫、梁、宋却缺少林木；江河湖泊的水产，莱地、黄县的鲐巴鱼，多得吃不完，但周、鲁、邹、韩地方的人只能吃些粗食野菜。所以有这种财物多少不等的差别，主要是物资流通得不好。他针对文学们引用孟子的话，专门引用了《管子》的话说，要是不过分装饰宫殿，材木就用不完；不充实厨房，禽兽就不会在没有长成时就被捕杀；没有工商业，农业就得不到发展；衣服不装饰花纹，那么女工就不能施展技巧了。

桑弘羊的观点，既认为自然资源丰富是事实，但各地出产多少不同；即使资源很丰富，也不应奢侈，即要合理利用生物资源。他也以古时为例，说古时候，名山大泽不分封给诸侯，那是为使资源属于天下人。现在，山海的资源，湖泽的产物，天下的财货，都应该归朝廷少府管理。但是皇上不把这些东西据为己有，让大司农去管理，这就把这些自然资源转为国家财产，以便辅助百姓。那些豪强大户，企图霸占山海资源，以便发财致富，甚至借据深山大泽，搞阴谋诡计，这是不能允许的。至于说百姓疾苦，桑弘羊认为只要选择有才能的地方官吏，即可安民，不须罢除盐铁官营的政策。

桑弘羊又以今古事例说明国家管理山林川泽的重要意义，他指出，现在浙江的具区湖，湖北的云梦泽，河南的钜野湖，山东的孟诸湖都是使国家富强而称霸的资源。君主统一管理这些资源，国家就会强盛，不然国家就会灭亡。过去齐国就像一个人把自己的肠胃给人那样，随便让人们开发自然资源，结果使齐国分崩离析。现在山林川泽资源很多，不单是云梦泽、孟诸湖这些地方，关键是要堵塞豪强奸商谋利的道路。

桑弘羊又说，官府开辟园地，统一管理山海，把所得到的财利用来补助征税的不足，并兴修水利，广泛发展农、林、牧业。太仆、水衡、少府、大司农等官吏，每年把各项赋税征收上来，包括农业畜牧业的赋税，园地的赋税，加上北部边疆屯田收入的赋税，这些都是财政来源。若要废除了统一管理制度，这就断绝了财源，杜绝了税收的渠道，使朝廷和百姓费用全都枯竭，贫困随之而来。即使按贤良文学们说的，放弃山泽管理，节约费用，又有什么用呢？

桑弘羊主张“县官开园池，总山海”，这固然是出于财政上的考虑，经济发展的需要，同时也是为了抑制豪强大贾和藩镇诸侯势力。西汉时的园池，是由朝廷直接管理的园林、池泽、苑囿公田的统称。最初园池规模较小，主要供皇帝渔猎游玩。后来从豪强地主和大商贾手中没收了大量奴婢、土地和财物，使大量土地变成公田。山海是指山林川泽及海洋的统称。桑弘羊把园池扩大，山海统管，虽然在一定程度上也不利于普通农民，如盐价偏高，官制铁器，农具有的质量不高，但物价亦不至于暴涨，也使一些资源较少的地区得以补给，因而它是有一定的进步意义的。这种国家统一管理山林川泽和园池的政策，在很大程度上防止了生物资源的破坏，堵塞了乱砍滥伐、乱捕滥猎的漏洞，因此，它是一种很有保护作用的政策。

盐铁会议有着深刻的政治背景，所讨论的问题也很多，会议开了多次。最后，反对盐铁官营的贤良文学们只取得了废除酒类专卖和取消长安附近铁官的胜利，汉武帝时推行的基本经济政策仍继续实行。因此，山林川泽一直置于国家统一管理之下，只有在遇到灾荒时才特下诏令驰禁。当然，桑弘羊主张的屯田政策也曾使某些地方的环境恶化，但这在当时是人们难以认识到的。

皇帝支持保护资源

人类将会杀害大地母亲，抑或将使她得到拯救？

——汤因比《人类与大地母亲》

唐朝贞元年间（785～805），朝廷想制造一批官车，由朝廷机关事务管理局的长官度支使负责办这件事。度支使眉头一皱，计上心来，哎，有了，长安城外的大道两旁，不是有很多大槐树吗？槐木打造车具，那可是太棒了！于是，度支使起草了一道公文给离京城不远的渭南县县尉张造，命令张造派人去砍伐京城官道古槐，而且必须限期完成。

张造接到这道公文后。颇感为难。如果照度支使的命令干，长安大道的百年古槐就要毁于一旦；如果不执行命令，不但会丢掉乌纱帽，能不能保得脑袋都成问题，因为度支使的公文和圣旨也差不了多少。他思来想去，咬了咬牙，拿起笔就在公文上奋笔疾书起来。慕僚们知道这件事，都来看县尉在写些什么。一看，可不得了，县尉要抗命：“近日我们收到了要我们砍伐官道古槐的命令。我们难以理解的是，既要打造官车，难道就找不到好木材，非要砍伐官道古槐吗？长安城外的古槐，已有百年内外的历史，历来供行人歇凉，学子遮荫，怎能就在我们这一代手上给毁了呢？再说，砍槐虽然满足了一时的需要，但破坏了百代以来的规矩，这总不大妥当吧？不管怎么说，您就是把斧子交到手里，我也不忍心下手砍树……”

幕僚忙说：“大人，这可使不得，弄不好要杀头的。”

张造冷静地说：“那就让他们先砍下我的头，再砍官道古槐吧！”

张造派人把自己提了意见的公文送回到度支使那里。度支使看了张造写的那些话，大为恼火："这简直是反了，竟敢抵制朝廷的指示。"可他又想，"张造虽然敢于抗命，但我一个度支使又不能直接治他的罪，还是让皇上下旨收拾他吧。度支使把张造写了字的公文原件呈给德宗皇帝看。德宗在看那份公文，度支使却死盯着皇帝的脸色变化。根据他的供职经验，在皇帝没有明确态度前是千万不能多说一句话的。当然，他早已做好了准备，一旦皇帝下旨治张造的罪，他马上要把张造骂个狗血喷头，一钱不值，还要夸一番皇帝"英明天纵"之类。

德宗看完公文，轻轻放在御案上，半天没说话。

度支使很累很费劲地恭候在一旁，他神经高度紧张，大气也不敢出。

"张造的话有道理，砍伐古槐的事就免了吧!"皇帝若有所思地说。

度支使接着话茬说;"对对对，皇上真是英明天纵，英明天纵!"

任何时候都有人为了眼前的利益而牺牲环境，如果无人敢于反对，环境就会遭到破坏。发生在公元8世纪的张造抗命的故事充分说明了这一点。这里，不但张造应该受到赞扬，德宗也是很明智的，起码可以说，他懂得自古就有的虞衡之法，值得尊敬。

唐代的虞衡管理的范围又比先秦扩大。除管理山林川泽、苑囿、打猎外，还加上了城市绿化及郊祠神坛、五岳名山保护的任务，同时还把京兆、河南二都四郊300里划为禁伐区或禁猎区，这些规定，反映出当时已认识到采取这些保护措施的意义。

以城市绿化而言，唐代长安城有宽广笔直的林荫大道，大道上栽的是槐树。王维《登楼歌》中即有"俯十二兮通衢，绿槐参差兮车马之说。长安的宫城、皇城栽植了梧桐、柳树等木。无疑，长安城的广泛绿化，对改善城市环境，使之更加优美、舒适方面起了很大作用。把城市绿化纳入虞部管理之下，更增加了绿化的环境意义，这种安排应该说是妥当的。

再以设置禁猎、禁伐区而言，这也是前所未有的。尤其以京兆、河南二府为中心设禁猎禁伐区，可能是因为这些地区人口众多，农业发达，如不禁止弋猎采捕，就会影响京城与宫廷的物资供应。采取这种措施，具有全面的保护意义，也可以为今日所借鉴。

唐代注意保护道路，并责令地方官加以巡检、修葺。唐代宗广德元年（763 年）八月和大历八年（774 年）七月下令“诸道官路，不得令有耕种及斫伐树木，其有官处，勾当填补”。唐代三令五申地方官吏军民不得占路种田，不得砍伐大道边的行道树，并责成地方官吏对于自己辖境内的道路桥梁要派人检查；有破坏者要填补、修理，也是值得称道的。

唐代继承了历史上官营山泽之利的做法，加强对山林川泽的管制。玄宗开元元年（713 年）十一月五日，左拾遗刘彤上表，以古今财用多少对比来说明当时财用困难的原因，说古时候是从山泽取得国家所用物资，现在是从贫民那里取得。

依靠山林川泽，国家的财用充足，老百姓多回来种田，依靠向贫民征税来增加收入，国家财用不足，老百姓也不去种田了。

所以先王的做法是，山海有官吏管理，虞衡有职权可使，权衡利弊有一定的方法，山林川泽封禁开发有规定的时间，这一方面是为了发展农业，另一方面是使国家富强。刘彤接着说，煮海为盐的，冶铁铸钱的，伐木为室的都不是农民，而是非农民，穷苦的是农民。应该向那些非农民索取山林川泽的出产，免除农民的沉重徭役负担，这就是损有余而益不足。建议国家征收经营盐、铁、林木等资源的税利，然后进行贸易，这样，不出数年，国库就会满满的了。玄宗让大臣们讨论刘彤的建议，大家认为很好，于是下令摊收山海之税。这样一来，山林川泽就完全置于国家管理之下。

唐代山泽国营，首先是从经济上考虑的，其制度亦沿袭汉制，但能坚持对山泽的管理，这对保护自然资源是有重要意义的。对于豪强大贾，这种措施有抑制作用，这是应该肯定的，但对普通百姓在带来好处的同时，也可能像汉代一样，亦带来一些害处。

历代捍卫森林的故事

热带雨林——地球的肺。

——佚名

在秦汉以前，尤其在西周和春秋、战国时代，中央及各诸侯国颁布了保护草木鸟兽鱼鳖的政策法令，山林有虞衡机构管理林政，森林得到了相当好的保护，先秦的森林得到恢复和发展，最好的时候森林覆盖率曾超过50%。另一方面，春秋战国时期战乱频仍，对森林也确实造成一些破坏，如公元前632年晋楚城濮之战中，晋文公下令“伐其木以盖其兵”，结果把现在河南陈留的许多树木都砍掉了。但是，从整个神州大地来说，森林的破坏还是局部的，也不太严重的。当然历史上因战乱破坏森林的例子还有很多，如三国时吴蜀彝陵之战，火烧连营七百里等等，破坏性相当大。

秦始皇尽管提倡过植树，可他也干过破坏林木的的事。《史记》上说：始皇返回时路过彭城，斋戒祷祠，想从泗水中捞出周鼎，派一千多人潜水去捞，一无所获，乃西南渡淮水，经衡山，南郡、浮江，至湘山祠，正遇上大风，几乎过不了江。

秦始皇问博士，湘君是什么神？博士回答说，据说，是尧帝的女儿，舜帝的妻子，安葬在这儿。

于是始皇大怒，下令派千人把湘山上的树统统砍光，秦始皇这样做，直至把湘山砍得光秃秃的，无非是迷信思想作怪，或者是对尧舜及舜妻娥皇、女英有意见，仅仅在一怒之下就砍了那么多树，以显示自己的威风，这是很恶劣的破坏行为。《史记》中写上这一事实，也具有贬斥之意在内，说明了封建统治者为所欲为的做法，是破坏森林的根源。对这种破坏行为，当时的臣下不能也不可能有人出来反对他。

唐代的森林破坏，同洗劫奇禽异兽的情形虽有不同，但也是由统治阶级骄奢淫逸引起的。唐代的山林归工部虞部管理，但正是他们乱采滥伐，任意糟踏材木，打的是官方旗号，破坏性更大。诗人柳宗元对唐朝官家破坏森林的做法深恶痛绝，同时有感于唐朝摧残人才的时弊，写了一首《行路难》加以指斥：虞衡斤斧罗千山，工命采斫代与椽。深林土剪十取一，百牛连鞅摧双辕。万围千寻妨道路，东西蹶倒山火焚。遗馀毫末不见保，躏跞铜壑何当存。群材未成质已夭，突兀嶂豁空岩峦。柏梁天灾武库火，匠石狼顾相愁冤。居不见南山栋梁日稀少，爱材养育谁复论。

如果把这首诗译成白话，大意是：虞衡派来的砍伐树木的刀斧遍布百岭千山，他们奉了工部的命令来采伐木桩和木椽。把深山老林的大树齐土砍倒，砍十棵只拉走一棵，套上很多牛来拉车，竟拉坏了双辕。砍倒的树木堆得满地皆是，连路都难以行步，木料到处乱放，长期堆积，以致被野火烧完。残留下来的小树不加保护，沟壑被糟踏，小树也难逃劫难。大批的树木未成材就被砍伐活烧毁，崇山峻岭只留下光秃秃的峰峦。树木像柏梁台和武库那样遭受火灾的焚烧，匠石看到这种惨状只能回顾而愁叹。难道您看不到南山的大树日益稀少吗？可是爱惜和保护材木的事有谁管？

柳宗元（773 ~819），字子厚，河东（今山西省永济县）人。公元793年中进士，曾当过礼部员外郎。柳宗元生活的年代，历代宗、德宗、顺宗、宪宗、穆宗五帝。他进入官场的时候，王叔文等执政，实行了不少改革，柳宗元是王叔文改革集团的成员之一。不久，改革失败，王叔文集团的人纷纷遭到贬杀，柳宗元被贬为永州司马，十年后又改任柳州刺使。所以后人常叫他柳柳州。他写《行路难》时，确实看到朝廷不爱惜人才，而且对人才倍加摧残，因而写此以嘲讽。《行路难》既是一首政治寓言诗，也是一首呼吁保护山林的现实诗。据一些史书记载，柳宗元生活的时代，随意采伐树木的现象确实很严重。不少有权有识之士挺身而出，制止这种造孽的森林破坏，松赞干布就是其中之一。

公元7世纪，不论在藏汉关系史上和藏族发展史上，都是很重要的时期。就在那个时候，唐太宗将文成公主许嫁给吐蕃国王松赞干布。

松赞干布从唐朝迎娶回文成公主，高兴劲儿自是不必说了。因为这位藏王不但娶了漂亮的唐朝公主做王妃，而且和大唐王国建立了睦邻友好关系，从今以后的主要任务，就是怎样把自己统治下的地方治理好了。

“报告大王”，想不到有人向他报告说，“我听说阿坝州的臣民们烧山围猎，大片原始森林被砍被烧，这样下去，恐怕这些地方就无法居住了。”

“有这等事？”松赞干布有点震惊，“我们好不容易攻占了川西这几个州县，就让他们这么糟踏的吗？”

“听说，这些地方的头人都是您的部下，他们仗着攻打川西有功，根本不听劝阻，因此这事恐怕还得大王出面干预。”

松赞干布好不恼怒，决定亲自去巡视川西。

来到阿坝州，松赞干布惊呆了。不久前他领兵攻下阿坝州的时候，这里青山绿水，一派繁荣兴旺景象，现在呢，到处童山濯濯，山上没有树，山沟没有水，泉眼十有九干，老百姓的日子比从前还苦，他们种的庄稼旱死了很多，他们放的牛羊也因为缺水缺草而经常迁移。

在黄河和白河会合的地方，松赞干布召集各部落和寨子的头领开了个会。会上，他严厉批评了那破坏环境的败家子：“入地狱的人们啊，你们吃先王饭，造子孙后代的孽，你们把森林毁了，今后不打算过日子了吗？”

那些毁林的头领们，一个个低下了头，谁也不敢吭声。

松赞干布接着说：“你们给我规划一下，把山林分成两部分，一部分是要绝对保护的，那是神山，是属于佛祖的，归寺庙看管，山上的树木禁止任何僧俗人等砍伐，违反的，格杀勿论．另一部分也要合理保护利用，这是公林，要有计划地采伐，采伐后要补栽，这样才能长久利用，这种公林归部落、寨子管理，不能由私人任意滥砍乱伐！”

松赞干布的命令，一直被执行了1000多年，直到20世纪50年代，当地的藏民仍严格遵守这些规定，因此，直到新中国成立，四川阿坝州的森林植被一直保护得很好。那里的可爱的大熊猫也得到了庇护。应当说，松赞干布为保护川西北藏族聚居地区的生态环境是建立了不朽功勋的。

由于封建统治阶级挥霍无度，大兴土木，以及战乱、农垦、火灾、樵采，对森林树木的破坏日益严重，为此大声疾呼者不乏其人，还有的地方群众组织起来，订立保护山林的乡规民约，对保护森林起到了一定的作用。

宋代科学家沈括目睹山东、山西太行山、江南等地森林破坏的状况，深为担忧，后来当他知道陕西延安地区发现了石油，可以用作燃料，烟可制墨的时候，很高兴，认为可以减轻对松林的砍伐压力。他在名著《梦溪笔谈》卷二十四中说："鄜延（指宋鄜延路。沈括于 1080～1082 年间曾任鄜延路经略使，辖境包括鄜州府和延安府，约相当于延安地区）境内有石油，旧说高奴县（即延安府）出脂水，即此也。生于水际沙石，与泉水相杂，惘惘而出。土人以雉尾挹之，乃采入缶中，颇似淳漆，燃之如麻。但烟甚浓，所沾帷幕皆黑。予疑其烟可用，试扫其煤（烟）以为墨，黑光如漆，松墨不及也。"

沈括当时以为石油没有穷尽，不像松树能够砍尽。他说，现在山东一带松树已被砍光了，逐渐影响到太行、京西、江南，松山大半都是光秃秃的，造煤烟的人实在太不了解石油的烟的用途了。再说，石炭烟也可以染衣物嘛！于是，他戏作了一首延州诗说："二郎山下雪纷纷，旋卓穹庐学塞人；化尽素衣冬未老，石烟多似洛阳尘。"

沈括这种以石油救松林的想法，在今天看来，无论从能源的角度还是环境的角度，它的积极意义都是不可低估的。

群众自发地团结起来保护山林，湖南通道侗族自治县播阳公社上湘大队保山寨是杰出的一例。

湖南省通道侗族自治县播阳乡保山寨，是一个多民族聚居的小山村。在公元 18 世纪中叶以前，山村周围林木茂盛，植被良好。那时，一个人合抱不住的大树、古木有几千棵。从 18 世纪中叶以后，有些人为了眼前利益，偷偷砍伐古树卖钱。另外一些人见砍树的得了利，不但不加制止，也动了心，仿效盗伐者的行径，纷纷进山伐木卖钱。这样一来，你砍一棵，我砍一棵，不到 100 年的功夫，竟把 400 多亩山林砍得七零八落。

清朝咸丰元年（1851 年），保山寨几个年纪较大的长者见山林日见凋敝，不胜痛心，他们聚在一起，商量看怎样制止乡民们只顾眼前利益滥砍乱伐的行为。大家一致认定，只有立下保护山林的乡规，刻石立碑，对神宣誓，违反者要受到严厉惩罚。于是公推一个有文化者起草碑文，订出切实可行的措施。

碑文起草好了，几个父老召集全村人到祠堂开会，由起草人向大家逐条宣读碑文。

碑文的头一段是讲保护山林的意义。文中说，山林之茂，不是向来如此，与人的关系极大。咱们山寨的合抱之木，常有数千，可是近百年来，屡遭浩劫，不肖之徒，私自破坏，因此才使山寨成了一个光秃秃的穷寨，如此下去，关山破，飞脉囊，人心浮薄，地方凋残，不可救药也。

念到这里，大家议论纷纷，都说是呀，是呀，如此滥砍乱伐，咱们的后辈儿孙吃什么呢？

碑文接着说，残局既成，靠什么人的力量才能摧枯拉朽妙手回春呢？靠我们自己，靠我们大家。

众人齐声说："对！"

碑文写到此处，就要动真格的了。

"今后，寨边左右前后，都要栽种树木！"。

"好！"大家异口同声地答道。

下面的规定更进一步地严厉："今后我们的后龙山，上抵坡头，下抵田园塘屋，属于公地，不许任何人买卖，一切树木都要保护，不得砍伐，有违反者，就是残贼，公同责罚，决不宽容。"

"好！"这一条，只有少数人叫好，有一些曾经砍过树的人心里嘀咕，没敢出声。

"到底有无异议？"众长老开始逼那些未表态的人表态。

在这种情况，就是打心眼里想不通的人也不敢说不同意。

碑文接着讲到水口树木、麻雀山树木的保护措施，顺利通过后，又念碑文最后一段："以上数条，面神而定，决不改移，如有不遵，神诛人殛。"

没有谁敢反对，一致通过。

碑立起来了，这是保山寨护林的乡规民约，也是保山寨的护林法律，它的威严，震慑了少数贪心不法之徒，使保山寨的森林逐渐恢复生机，至今，碑犹存，法还在，保山寨四面山岭，郁郁葱葱，长满了樟、松、杉、枫、梓、楠、杜鹃、山茶等树木，山下溪流淙淙，清澈见底。护林效果，不言而喻。在全国，在漫长的历史时期，类似保山寨这样的护林故事一定还有很多。这种以订立乡规民约护林的传统在今天仍值得提倡。

然而，面对大规模的破坏森林的行为，光靠民众的力量是不行的，必须由政府出面干预，甚至要依靠武力来解决。兵巡五台山的故事充分说明了这一点。

五台山位于我国山西省五台县东北部，由南台、北台、中台、西台、东台五峰组成，是中国四大佛教名山之一。这里风景秀丽，草木繁盛，溪水长流，夏天暑热，又称“清凉山”。从东汉时起，佛家在这里建造寺庙，以后历朝历代，多增建重修，至解放初，有寺庙47处，形成一片规模宏大的古建筑群。自古相传，五峰内外，七百余里，茂林森耸，飞鸟不度，森林覆盖率在80%以上。但在明朝永乐年间（1403～1425），五台山的森林遭到严重破坏。当时滥砍乱伐的景象是“千百成群，蔽山罗野，斧斤如雨，喊声震山”。砍完了河川边的大树，又到山、谷中砍伐，甚至连深山里的树木也被砍伐殆尽，百不剩一。当时虽然有禁伐的命令，但因奸商与官府勾结，肆无忌惮地进山伐木，哪管什么禁令不禁令，只顾贩运木材，倒买倒卖，谋取暴利，有的还拿着所谓的“上级批条”，打着计划内采伐的旗号，实际多伐十几倍，九成以上转手倒卖。

1580年，山西河东道胡来贡到雁门、五台一带视察，他看到五台森林惨遭破坏的状况，十分震惊。他也知道，这些事是在地方官的支持纵容下干的，就没理地方官，直接报告了朝廷巡抚山西的侍郎高文荐。

高文荐认为事态严重，只有直接报告中央，于是立即上表万历皇帝，说：五台山是天下名胜，而现在只剩下光山秃岭，哪有什么名胜，周围的树木都快被砍光了，况且，五台山森林是边防屏障，必须保护，若不严令禁伐，山木有尽，岁月无穷，我们的子孙后代怎么办？……万历皇帝见奏表写得情真意切，立即准奏，责成国防部准议施行。

部队出动护林，事情就好办了。高胡二人接到批文，立即下令兵巡五台山，并贴出告示，不论新木旧木，一律不准变卖；也不得借口所谓“造办”之类的批条再行砍伐，命令浑源、应县及五台山僧众和兵士一同巡山，遇有奸商、地主进山砍伐，立即逮捕，若抓住将木材偷运出山的，捉拿贩运者并逮捕地方官，一并问罪。

有朝廷的命令，高胡二人放手打击毁林的罪犯，惩办了不少奸商地主和贪官污吏，这才煞住了破坏五台山森林的歪风，使五台、繁峙县一带的深山残林得以保存。至今，当地群众对高胡二人保护五台山森林的行动仍给予很高的评价。

唐宋之际保护生物资源的行动

> 井水里没有鱼，枯树上没有叶。
>
> ——蒙古谚语

草木鸟兽鱼鳖之类生物资源的破坏，往往是封建统治阶级的骄奢淫逸造成的，唐代发生的一场对生物资源的浩劫即是如此。

唐朝中期，韦后横行，朝政腐败。宫廷生活糜烂，侈靡成风。唐中宗的女儿安乐公主和韦后互比豪华，競夸富贵。宫中的尚方官造了两条价值百万的毛裙，一条献给韦后，一条献给安乐公主。这两条毛裙，全都是用百鸟之毛织造，正看为一色，旁看为一色；在太阳底下看为一色，在遮阴处看又是一色；百鸟的形状，都可以从裙中看出。韦后还不满足，又以百兽之毛作鞯面，想高出一头。自从她们做了毛裙、鞯面之后，朝廷和地方上下百官之家争相效法，一时间，江岭奇鸟异兽毛羽，几乎被搞光。唐玄宗李隆基上台以后，在一系列问题上整刷政治，革除时弊。那时是姚元之、宋璟先后当宰相，这两人一再劝玄宗纠正奢靡之风。玄宗接受了他们的建议，命令宫中所有的奇装异服，一律交出，当众在殿廷中付之一炬，并且下令，不论是官是民，都不许再穿锦骕珠翠的衣服。这样才煞住了滥捕滥猎奇鸟异兽的歪风，风教也渐渐好起来。

唐代在高祖武德元年就发布过禁献奇禽异兽的命令，但这种命令到后来只能限制劳动人民，而对统治阶级的约束力却渐渐失掉了，这种现象在历朝历代具有普遍性。唐代对森林的破坏也是这种情形。登基不久的唐玄宗能果断地下令焚烧奇装异服，避免了生物资源的进一步破坏，这是值得称道的。唐玄宗所以能这样做，一方面是振兴国家的需要，为了制止奢靡习气，树立淳朴的风尚；另一方面，古代保护生物资源的思想和传统，唐玄宗及姚、宋等人不会一点也不知道，不管出于何种考虑，朝廷也需要制止捕猎之风，拯救珍贵鸟兽，使之免于减少甚至灭绝。从这个意义上讲，唐玄宗焚异服确实起到了保护生物资源的积极作用，在我国环境保护史上值得一书。

无独有偶，在宋朝，也发生过类似的事。

在中国历史上，有皮帽、棉帽、单帽、乌纱帽等各种各样的帽子，但很少听说有用鹿胎做的帽子。但在北宋的时候，就出现了鹿胎做的帽子，叫鹿胎冠。想必是那时人们也好赶时髦，有人领头戴起了鹿胎冠，就有人仿效，而且从中央朝廷百官到地方小吏，都以戴鹿胎冠为体面，竞相攀比，蔚然成风。这样一来，鹿胎冠花样百出，制作日益精致，但不管做工多么巧妙，没有鹿胎是造不出这种奇怪的帽子的，因此，母鹿算是倒了霉，只因为要取鹿胎，它们被一只只杀掉，滥捕乱猎之风盛行全国。后人称之为鹿胎冠风。

鹿胎冠风是在宋仁宗初年越刮越盛的。当时是公元 11 世纪 30 年代的中期，宋朝立国后连年征战刚结束才 30 来年。处于相对和平安定时期，很多官僚士绅都染上了奢靡之风，所以鹿胎冠风一刮就晕，越刮越凶。

当然，朝廷里也有一些贤臣，如范仲淹、韩琦、辅弼，欧阳修等。有一天，总算有人把鹿胎冠风报告了仁宗皇帝。

宋仁宗在景佑三年（公元1036年）下诏，严斥当时盛行的以鹿胎为冠的奢侈风气。诏书说，鹿胎冠风败坏民俗，残害生灵，今后全国各地，不管是臣是民，一律不准戴鹿胎冠，任何人不得采捕鹿胎，不得以鹿胎制造冠帽，如有违犯者，即处以罚款。凡揭发采捕鹿胎属实者，发给揭发者奖金20贯，钱由采捕者出；凡揭发戴鹿胎冠的或制造鹿胎冠的，发给奖金五十贯，也由被揭发的戴冠人和制冠人出。

仁宗的禁鹿胎冠诏发布天下，那些戴鹿胎冠的，制鹿胎冠的和采捕鹿胎的，一个个藏藏掩掩，再也不敢以玩鹿胎冠为乐了。一场全国性的破坏生物资源的鹿胎冠风才被煞住。

唐玄宗焚异服和宋仁宗制止鹿胎冠风的事，并不是偶然发生的，它是中国古代社会保护生物资源的成功例子，而且保护主张的胜利，不是凭借什么宗教迷信，也不靠什么名胜古迹，而是封建王朝政府的最高层下令采取的行动，因而也更具典型意义。这种保护行动不是一时冲动，也不是自发而来，而是由来已久的自觉的有意识的行动。

再以保护青蛙为例。保护青蛙在中国已有上千年的历史。

唐宋之际，人们已认识到青蛙能捕捉农业害虫，所以青蛙和农业的关系极为密切，如唐朝章孝标《长安秋夜》中有“田家无五行，水旱听蛙声”的说法。宋朝大词人辛弃疾的《西江月·夜行黄沙道中》也说：“稻花香里说丰年，听取蛙声一片”，都是说蛙声是农业丰收的先兆。宋朝人叶梦得写的《避暑录话》中说“蛙有跃而登木捕蝉者”，和唐朝陈藏器所说的“虾蟆背有黑点，身小能跳，接百虫”的说法一脉相承，都是讲蛙能捕虫，有助于农作物丰收。宋代官府通过行政措施，禁民捕蛙，肯定是为了农业。据公元十一世纪宋神宗年间人彭乘写的《黑客挥犀》记载：“浙人喜食蛙，沈文通（1025～1067）在钱唐（即今杭州）日切禁之”，这是很有见识的做法。又据南宋赵葵（1186～1266）的《行营杂录》记载，宋代不但禁止捕蛙，对犯禁者还要抓起来。前面说的那个不贞的女人为了陷害她的丈夫，唆使其夫晚上到郊外捕蛙，结果其夫中计被军士抓住，也说明，宋代禁捕青蛙的禁令是很严的，没有足够的认识，不可能这样做。

反对围湖的斗争

地是大的，可是地在我的脚下。

——里维拉

围湖造田以及围海造田，是人类改造自然的一种措施。如能适当运用，可以增加农田，有利于农业生产的发展；如果不顾生态平衡，盲目围湖造田，那就不但不会对农业生产带来好处，有时还会带来一系列灾难性后果。

我国最早的围湖造田出现在汉朝。在北魏地理学家郦道元的《水经注》中，记载了慎阳县许多湖陂的事，如憔陂、上慎陂、中慎陂、下慎陂和鸿陂等，还引述了汉代的一场毁陂与复陂的故事。故事说，西汉成帝（前32年~前8）的时候，一个叫翟方进的人向成帝建议，要求毁湖为田，成帝采纳了他的建议。东汉光武帝建武（25~56）年间，汝南太守邓晨想要废田还湖，听说许伟君精通水脉，便请许来讨论这件事。许伟君说：“成帝听了翟方进的话毁湖为田，后来梦见到了天上，天帝恼怒地对成帝说：你怎敢毁坏我的龙藏身的湖泊，连后代百姓的利益都损害了。当时还有一首童谣说：“败我陂，翟子威，反乎覆，陂当复，明府兴，复废业。童谣中说的话，将会应验。”邓晨听了许伟君的话以后，就布置都水椽（古代属官的一般称谓），命令他修塘400余里。使陂得到恢复，从此，老百姓得到了废田还湖的好处。在这个故事中，许伟君的话很可能是编造的，也可能有此传说而被他利用。但成帝时用翟方进废湖、光武帝时邓晨还湖的事却有事实依据。郦道元对于这场毁湖与复湖的斗争态度是明确的，他反对废湖，支持还湖。

围湖之风在唐朝十分盛行。安徽的一些富豪曾霸占六安县北、寿县以南淖河流域的人工湖泊芍陂，放水耕田。浙江绍兴地区的鉴湖，在唐代也开始被零敲辞打地围垦，鉴湖地处膏腴之地，历来是当地的灌溉水源，农业的命脉。历朝历代的封建统治者总想把鉴湖据为已有。曾当过唐朝礼部侍郎和秘书监的贺知章，在告老还乡的时候，也彰向唐玄宗提出要求把鉴湖赐给他。这真有失大诗人的名声。

宋代的围湖造田比唐代还厉害。豪强把芍陂大部分强行霸占。夏天下大雨时，水淹了他们的圩田，他们就偷着决堤放水。在浙江，在公元11世纪初时，鉴溯的围垦活动愈演愈烈。北宋末年，有个地方官干脆向皇帝上书，建议把鉴湖围垦为田，湖田税收献给皇帝个人享用。昏庸的皇帝竟同意了。从此鉴湖遭了厄运，农田也失去了灌溉的水源。皇室从湖田获得的田租，每年不过三千几石，湖区农民因缺乏灌溉水源而减产，欠缴的田租达万石以上，真是得不偿失。对于围湖的弊端，当时并非无人揭露。如大诗人陆游专门写了一首题为《鉴湖》的诗，描述了鉴湖圩田遗迹犹在，水利废驰，水旱连作，并指出祸端出于人为。他主张兴复水利，以舒民困。

宋代还出现了盗湖为田的现象，这种现象也发生在鉴湖。盗湖破坏性更大。每到天旱的年头，田地没水浇，湖倒先干涸了。可是当时围垦盛行，到处决堤纵水，连朝廷都禁止不住。宋代曾下令对盗湖为田者"著之以法，故罚有钱三百至于千又至于五万，刑有仗百至于徒三年。"这就是说，连罚款以至判刑这样的手段都用上了，但仍制止不了围湖之风，鉴湖终于在南宋之初垦出2000多亩农田而全部湮废。

宋代围湖之风如此之盛，与官营围湖大有关系。宋代官围尤以南宋更为剧烈。南宋江东路官圩有田79万多亩。太平州（今安徽当涂）官、私圩合计占全州耕地的9/10。宣州宣城县（今安徽宣城）官圩17万亩，私围58万亩，约占全县垦田的半数以上。浙西路"围田相望"，达1400多处。浙东路越州（今浙江绍兴市南）鉴湖和明州（今浙江宁波市西）广德湖周围上百里都被修造圩田。淀山湖（今苏州市东）四周被围垦几十万亩。太湖周围也被大规模地兴筑坝田。

宋代除进行大规模围湖造田外，还出现了大规模的围海造田。两浙路农民在沿海涂泛地区，叠土石作堤，防潮水入侵，涂泥干涸后，种植作物，这就是所谓“涂田”。

宋宁宗（1195～225）时，台州（今浙江临海）宁海县有涂田600多亩，黄岩县有涂田11000多亩，临海县有涂田24000多亩。围湖造田的规模越来越大，其副作用也日益显著。除曾巩、陆游、徐次铎针对鉴湖被围提出过异议外，反对如此滥围者亦大有人在。诗人范成大在《围田欢四绝》一诗中写道：“秋涝灌河无泄处，眼看漂尽小田家。”这就把因围湖而降低了蓄泄能力的后果淋漓尽致地描绘了出来。

对于太湖的围垦，龚明之曾指出过它的弊端。他说，太湖地区“今所以有水旱之患，其根源就在于围田。由于围田，雨季无处蓄水，天旱时又无水浇灌民田，真是其害无穷。”这里，龚明之明确指出了围湖是水旱灾害的根源。

对于围湖造田导致涝灾频繁的祸患，南宋最高统治者亦有所体察。宋孝宗（于1163～1190年在位）曾说：“浙西自有围田，即有水患。”宋朝廷虽曾多次下令禁止，又是罚款、又是判刑，甚至还由官方开掘几处围田，终究还是难以制止官家、豪宗大姓、官僚地主的围湖活动。

明朝在大搞垦荒的同时，也没有忘记围湖造田。芍陂就是在明代最后因围垦而湮废的。明代人对围湖弊端的认识更加深刻，在一些文献中已注意到它对渔业的影响。例如，明英宗正统十一年（1447年），巡抚周忱向朝廷打报告说，应天、镇江、太平、宁国诸府，有石臼等湖，其中沟港岁办渔课。其外平圩浅滩，听民放牧孳畜，采掘菱藕，不许耕种。故山溪水涨，有所宣泄。近者富豪筑圩田，遏湖水，每遇泛滥，害即及民，宜悉禁革。”朝廷采纳了他的意见，下令禁止围垦石臼湖。去过石臼湖的人都知道，围垦石臼湖，短时间内能多打点粮食，但降低了石臼湖对长江水的蓄泄能力，把原先的许多沟港、浅滩都失掉了，减少了渔业、牧业和副业收入，产值反不如围湖之前。周忱能认识到这一点，确比宋代的认识有所进步。

我国古代生物资源保护思想的产生，至少可以上溯到公元前 11 世纪的西周时期，甚至更早的人类的各代时期。在春秋、战国时代，达到空前成熟的程度；经过将近 1000 年的发展，至秦汉之际，已逐步完善起来。

中国古代在环境问题上的斗争，主要表现在，对山林川泽要不要管理和保护，对生物资源要不要合理开发、利用并加以养育；对森林树木要不要爱惜，对围湖造田、毁湖为田要不要制止等各个方面。在这些斗争中，始终有一些有识之士，能够看到整体的长远的利益，注意保护自然环境和自然资源，注意维持生态平衡，他们当中有学者，有地方官吏，有帝王将相，也有农民群众。由于他们的坚持和努力，在某些地区、某些时期、某些问题上，确实为保护自然资源和生态平衡做出过贡献，为今天的环境保护提供了某些宝贵的历史经验，因此，不管提到的注意保护环境的历史人物在历史上的功过是非如何，从环境保护的角度来看，他们是有历史功绩的。

在漫长的封建社会发展过程中，特别自秦汉以来，尽管有不少人为保护资源和生态平衡而斗争，但毕竟不能扭转中国环境逐渐恶化的历史进程。森林遭到破坏，水土流失加剧，沙漠蔓延，湖泊湮废，物种灭绝，水源变得短缺等等，构成了环境演变的主流。了解我国历史上环境恶化的过程及其原因，将会使我们对那些很早就注意到保护环境的先人们做出应有的评价。

保护泰山和衡山

我们违背大自然的结果是，我们破坏了自然景观的美，自然动态的美和天籁的美。

——诺曼·卡曾斯

五岳是指东岳泰山、西岳华山、南岳衡山、北岳恒山、中岳嵩山，我们的祖先自古就有崇拜名山大川的传统，五岳一向被尊为神山，历朝历代祭祀活动数不胜数。由于五岳的特殊地位，山上的森林草木鸟兽资源也沾了光，受到不同寻常的保护。

我们以泰山和衡山为例来说明。

东岳泰山号称“五岳之首”，位于山东中部泰安县境内，主峰海拔1545米，又称“岱山”、“岱宗”。泰山拔地而起，雄冠天下。山中苍松翠柏如云似雾，奇峰幽谷险峻多变，古代建筑和文化遗迹遍布全山。南麓的岱庙、黑龙潭、普照寺、王母池、红门，山腰的斗母宫、经石峪、五松亭，山顶的南天门、碧霞祠、唐摩崖、日观峰、仙人桥，北麓的后石坞，九龙岗、天烛峰、西麓的灵岩寺等均有一番不寻常的来历。登临泰山绝顶，又有“旭日东升”、“晚霞夕照”、“黄河金带”、“云海玉盘”四大奇观。历代帝王登泰山祭祀封禅者甚多。在他们的眼中，泰山是他们巩固帝位、歌功颂德的标志，自然受到历代帝王的特殊保护，至今泰山古木苍翠，与泰山受帝王们崇拜的特殊地位是分不开的。

创建于秦汉时期的岱庙内，有数百株参天蔽日的古柏，老干挺拔，高耸入云。有的枝干盘曲，龙飞凤舞；有的干空枝枯，铁骨嶙峋；有的枯木逢春，新枝吐翠。如果你在盛夏漫步岱庙柏林，马上会有“地偏倏有清风至，柏密浑无暑气加”之感。炳灵门内汉柏院，有四五株古柏，相传为汉武帝东封泰山时亲手所植，如果是真的，那么，至今已有 2100 年，可仍然苍劲挺拔，枝叶繁茂。除此之外，泰山古柏还有万仙楼下的“三义柏”，其名取桃园三结义之意；朝阳洞上的“独立大夫”，则因孤柏独立于松林而得名；斗母宫与壶天阁之间的“柏洞”，柏树数以万计，枝干交错，谷静林幽。

泰山山腰有几棵号称“五大夫松”的古松。据记载，公元前 219 年，秦始皇登泰山封禅，张扬功德，下山时“风雨暴至，休于树下，因封其树为五大夫”。明万历三十一年（公元 1603 年）泰山骤降暴雨，两株松树被冲毁。现仍有三株青松。

普照寺内六朝松，据《岱览》记载，松为六朝所栽，寺为六朝所建。六朝松枝干虬曲，树冠如棚，青翠碧绿，生机勃勃，每逢月夜风清，皎洁的月光透过树冠，斑点若筛，如碎银铺地。下有筛月亭，即取“古松筛月”之意。西院厅前有怪松枝，叶平生，状如华盖，名为“一品大夫”。郭沫若有诗云：“六朝遗植尚幢幢，一品大夫应属公”，写的就是六朝松。

泰山松还有“对山松”，以万松对峙二峰之上而得名，以形态命名的有“望人松”、“罗汉松”、“卧龙松”、“长臂猿松”、“雄鹰松”、“蟠龙松”、“姊妹松”、“寿星松”等，均有几百年以至上千年树龄。此外，泰山还保存了许多其他的古树名木，如斗母宫富门西侧的卧龙槐，巨枝卧地，如蛟龙翘首，资格亦相当老。这些古树名木，都是非常珍贵的。

据有的文章说，秦始皇在东巡泰山的时候，看到泰山草木零落，一片萧条，曾下令“无伐草木”。从保护泰山树木花草的角度看，秦始皇的这个命令显然是应该肯定的，也是起了作用的。

南岳衡山一称岣嵝山，位于湖南省衡山县城西 15 千米。全山 72 峰，盘绕 800 余里。主峰祝融峰海拔 1290 米。其他高于千米以上的山峰尚有紫盖、华盖、观音、雷钵、白石、天柱等峰。这里山岳奇秀，峰势巍峨，飞瀑悬布，林木古幽，名胜古迹不可胜数。其中的“祝融峰之高”、“水帘洞之奇”、“方广寺之深”、“藏经殿之秀”又合称“南岳四绝”，为历代帝王祭祀之处，僧道修身之所，骚人墨客留连之地。

衡山林木，特别是边缘山区，在明代后曾受到一些破坏，有的破坏还很严重。抗日战争时期，日本军队驻扎在山中，也对林木破坏很大。但是，南岳毕竟非一般山岭可比，衡山森林虽有破坏，亦有人补植。如清代潘耒的《游南岳记》说：“道中旧多古松，日影不到地。兵余剪伐殆尽，仅存数十株。其补植者，亦自楚楚可爱。循山核心地区，特别是重要的名胜古迹，历来都受到一定的保护，林木当然幸运得多。如南岳庙，始建于唐开元十三年（公元725年），宋、元、明又加扩建，明末毁于战火，清康熙四十七年（公元1708年）修复。同治年间又毁，光绪八年（公元1882年）重建，至今全庙金碧辉煌，殿阁宏敞，庙内林木保护得很好，至今松柏参天，青翠葱茏，颇为幽雅。又如，掷钵峰下有一座福严寺，始建于南北朝陈光大元年（公元567年），初名般若寺，唐、宋又有增设，宋朝时改名福严寺，清代毁后重修，寺旁有号称活化石的银杏两株，分列寺的两侧，树龄有一千四百多年，其幸存亦赖名山古刹的保护。又如，始建于梁天监年间（502～519）、位于衡阳市东北的九仙观，观右有罗汉松一株，树龄也有一千多年；始建于陈废帝（567～569年在位）年间、位于衡阳市西北的藏经殿，曾被火烧毁，后人重新修建，这里的奇花异草甚多，香色无比，殿后有玉兰花一株，寿达四百余岁，皆赖山寺得以保护。此外衡山还有祝圣寺、南台寺、方广寺、广济寺、邺侯书院、黄庭观等名胜古迹，历尽沧桑，屡毁屡建总算保存至今，许多名花古树亦休戚与共，得到保护。

值得指出的是，衡山众多寺庙的僧人为培育衡山树木和保护衡山森林做出了相当的贡献。福严寺建寺过程中，据说破坏了大量山林，使得寺庙附近相当萧索。福严寺主持、禅宗二祖慧思禅师看到这种情况，亲自倡导植树，而且身体力行，寺旁的两株银杏树据说就是他亲手所植。慧思之后又出了个福严和尚，更重视植树造林。在他的带领下，栽种杉松十万株。

在五岳名山当中，南岳衡山的山林能保存下来，与泰布衲的贡献是分不开的，这里还有一个小小的故事呢！

唐朝末年，南岳衡山福严寺来了一个和尚，因为他常穿一件布衲出出进进，其他僧人就给他取了一个浑号，叫“泰布衲”。后来，泰布衲当了衡山佛寺的掌翰，拿现在的话说就是领导。

泰布衲当了佛寺的头头以后，对佛寺周围的环境十分注意保护。他成年累月地日睹当地的老百姓种田时采用畲山的办法，对南岳林木破坏很厉害，心中很着急。畲山，就是放火烧山，把山上的树木杂草统统烧光以后再种上庄稼，这就是通常所说的“刀耕火种”的原始农业生产方式，是必须废除的。

泰布衲想了很久，觉得应该给老百姓普及一点保护环境的知识，让大家自觉地废除刀耕火种的做法，就编写了一首科普歌谣，叫《畲山谣》，用现在的话来说，大意是这样的：畲山儿呀，好无知，年年砍树是何道理？衡山的景色多么好，怎能用利斧滥伐松杉枝？灵禽野雀无家可归，白云远避青烟飞。猿猱无路可走，只剩下裸露的石头，奇花异草长不出根，只有茅草肥，年年刀耕火种怎么得了，于秋万代也难以恢复生机！

泰布衲的这首科普歌谣，不但指出了刀耕火种对山林草木的摧残，而且说明山林中的野生鸟兽因失去森林这个栖息地而面临绝境的道理，这是很符合现代生态学观点的。他让僧众们都来传唱这首歌谣，并且教给老百姓唱。由于泰布衲的努力，在他当掌翰的20年当中，衡山林木得到很好的保护和恢复。所以当地地方志记载说，南岳的千年古柏大松能有一部分保存下来，那是泰布衲的功劳。

后来，《畲山谣》传到了京城，皇帝也听说了。皇帝十分嘉许泰布衲保护山林的努力，专门下诏，支持泰布衲的行动，禁止衡山再采用刀耕火种的作法。

除了僧人外，对培植、保护南岳林木作出过贡献的还有一些是学者。祝融峰高台寺旁雄姿英发的古松，据考证是明代从黄山引来的黄山松，叫“念庵松”。据传是明代嘉靖年间由江西籍学者罗洪先从庐山引种而来的。罗洪先号念庵。后来人们为纪念他植树的功绩，把这些松树叫作“念庵松”，并精心保护这些在南岳安家落户的黄山松。

寺院之人保护林木

环境我一手创造了环境。

——拿破仑

佛教产生于印度，经由中亚传入中国新疆地区，西汉末年传入内地。过了200来年，佛教即大规模传播。后来，僧侣日多，寺庙遍布全国，以至有的王朝还不得不加以限制。

中国的大小寺庙不可胜数，比较著名的有北京的雍和宫、大钟寺、八大处、碧云寺，天津的独乐寺，河北正定的隆兴寺，山西大同云岗石窟，陕西西安的大慈恩寺、大荐福寺、兴教寺，甘肃敦煌石窟，青海湟中塔尔寺，宁夏银川承天寺，山东长清灵岩寺，江苏南京灵谷寺、镇江金山寺、镇江甘露寺、苏州寒山寺，浙江宁波天童寺、杭州灵隐寺、河南洛阳白马寺、龙门寺、登封少林寺、广东广州光孝寺、肇庆鼎湖山庆云寺、四川广元皇泽寺、云南昆明筇竹寺、西藏拉萨大昭寺、日喀则札什伦布寺等。至于四川的峨眉、山西的五台、浙江的普陀、安徽的九华等山素有佛教圣地之誉，合称“四大佛教名山”，僧寺更多。

白马寺是佛教传入中国后由官方营建的第一座寺院。它位于洛阳市东郊，建于东汉永平十一年（68年），距今已近2000年。据《洛阳伽蓝记》记载，汉永平中，明帝刘庄夜梦金人飞空而至，乃大集群臣以占所梦。通人傅毅奉答说：“我听说西域出了一个神，神的名字就叫佛，陛下梦见的金人，莫不是佛吧？”明帝认为他说得对，即遣郎中蔡愔、博士弟子秦景等使往天竺，寻访佛法，获佛经四十二章，用白马驮回，于洛阳城西雍门外建立佛寺，就叫“白马寺”。唐代最盛时白马寺僧多达千余人，宋代曾毁于火，金大定十五年（1175 年）重建。寺山门内东西两侧古柏森森，苍翠干天。清凉台上有数株古柏，相传汉明帝曾在树下读书乘凉，至今浓荫覆盖，环境幽雅。传说未必可靠，但历代注意保护寺院及院内古木花草，不无功劳，今又被列为全国重点文物保护单位。

古人云：“天下名山僧占多。”许多寺院都建在山川秀美，林木幽深的“风水宝地”。几乎所有寺院，都发挥过保护寺院所在地山林古木的作用。江西丰城县董家公社九龙山脚下，有两株古柏，虽年逾千载，历尽沧桑，却仍是枝叶青翠，楚楚动人。

原来这里有一座寺庙，叫净住寺，当年也是名胜古迹之一。传说清朝乾隆皇帝私访江南时，路过这里，望见寺内古柏参天，便到寺中借宿。长老让他同长工们睡在一起。夜里，蚊虫四起，咬得乾隆皇帝睡卧不宁。他顺手拿起一把扇子，边扇边不耐烦地说：“孽生，别在此胡闹，滚到千里之外去吧！”

长工们听他口气很大，想不是寻常享人，忙报告长老。长老略一思忖，顿觉此人恐非凡人，第二天便请乾隆住进正殿。正殿前有两株大柏树，风清气爽，蚊虫稀少，乾隆睡得很好。乾隆看到寺僧生活贫困，就让寺内长工们搓了很多草绳，命令地方官员在寺庙周围用草绳圈地围山，草绳圈内皆作为寺庙田产；并给寺庙附近几县农民免税免粮的优惠政策，但要进贡寺庙。乾隆皇帝走后，寺僧感激皇恩，立碑纪念；又想起乾隆所以在寺中留驾多日，两株柏树有很大功劳，因此对这两株柏树倍加爱护。

这个传说有待确证，但现在当地群众仍说，古柏树下，确实是白天看不到蚂蚁跑，黑夜听不到蚊子叫。净住寺在 1958 年大炼钢铁时被拆毁，两株古柏则由于当地群众特别是年长者的竭力劝阻，才得以保留下来。

广东的旅游胜地肇庆鼎湖山，林木茂盛，古树参天，这与这里古寺林立、僧人护林爱树是分不开的。著名的庆云寺，自爱护树木的高僧栖壑和尚作主持后，历任主持都非常重视封山育林，保护树木。寺院为制止有人乱砍寺庙周围的树木，专门派和尚巡山。寺僧在保护天然林木的同时，还积极进行人工栽植，使这个佛家圣地青山常在，绿水常流。

寺僧植树种花，在很多寺庙都是一种坚持不懈的优良传统。广州光孝寺里有一棵古菩提树，相传是印度和尚智药三藏于公元502年来广州传教时随身带来并亲手栽植的。这棵树已有1500余载的树龄，至今仍然繁茂葱郁。云南昆明黑龙潭有很多名花古木，也是历代僧徒在修行之余，精心培植的。从唐代建寺插梅起，宋僧栽柏，元僧种杉，明僧植山茶，清僧育玉兰。如今，这些名花古木依然方兴未艾。唐梅满树飘香，宋柏枝繁叶茂，元杉丰姿媚态，明山茶灿若朝霞，清玉兰幽香四溢。游人到此，无不赏心悦目，同声赞叹寺僧栽植之功。

一般的寺院对保护林木十分重视，至于四大佛教名山——山西五台山，四川峨眉山，安徽九华山和浙江普陀山，对山林保护之好更非一般寺庙可比。我们以峨眉为例。

峨眉山位于峨眉县西南部，有山峰相对如峨眉，古有“峨眉”之名。主峰万佛顶，海拔3099米。峨眉千岩万壑，重峦叠嶂，流云瀑布，溪水潺缓，素有“峨眉天下秀”之称。早在公元2世纪的东汉时期，山上便有道教庙宇。佛教传入中国并广为传播后，山中又大兴佛寺，如今寺观合计多达70余处。峨眉山有许多古木和野生动物保存至今，如报国寺的古柏、青松，洪椿坪的古洪椿树（树龄达1500年），初殿以上的冷杉、箭竹、杜鹃、珙垌，群芳吐秀，争奇斗艳；动物中的岩鸽、白鹇、小熊猫、苏门羚、弹琴蛙、大蚯蚓、枯叶蝶，特别是见人不惊，与人相昵的群猴，均属世界少见。

峨眉山上寺僧对生物资源保护是立了大功的。峨眉山伏虎寺是众多寺观中的一个。清朝的时候，朝廷拨款重修寺院，使伏虎寺的面貌焕然一新。但是，寺周围树木长得并不好，需要好好绿化一番才行。寺里的住持寂玩和尚就发动众僧人栽树，日复一日，年复一年，栽了榛树栽楠木，栽了柏树又栽杉树，不知栽了多少，寂玩和尚总是让大家继续栽，好像远没有收尾的意思。

有的和尚好像干得烦了，就问寂玩：“师父，咱这树栽得够多的了，您到底打算栽多少才算够?”

寂玩正色反问道:“怎么,你受不了吗?”

“不不不,”那小和尚不好意思地说,“我是说,您也上了年纪啦,差不多就得了,见好就收嘛!”

“那你说,栽多少为好?”

小和尚红了脸,一时语塞,答不上来。寂玩又问:“你知道白龙洞别传和尚手植功德林的故事吗?”

小和尚支支吾吾地说:“不,不太清楚他们寺院的事。”

寂玩说:“你叫大伙都过来,休息休息,我给你们讲讲功德林的事。”

栽树的小和尚一听说师父叫他们休息,一个个乐不可支,很快就围坐在寂玩的周围。

“那是先朝的事了”,寂玩像平常讲经一样严肃地说,“白龙洞也是在刚刚修葺完毕时,洞主别传和尚就动员大家广植榛枝,一边念《法华经》,一边栽树,经上有一个字,地上就栽一棵树,直到隆庆丁卯年(1567年)才完成。”

那小和尚趁师父喘气的功夫,又插嘴说:“《法华经》有一大本书,那么厚,一字一株,那得栽多少树才够呀?”“是呀,人家就是一字一株,《法华经))69777字,就栽下69777株树木,一株不少,足足有二里见方一大片呢?”

“那我们也要栽一本书的数吗?”

“阿弥陀佛”,寂玩双手合什,“总算有人悟出来了。”

“我们也要载69777棵树吗?”

“不,”寂玩闭上双目,“我们要比他们还要多!”

“为什么?”

“我们要以《大乘经》的字数为准。”

寂玩和尚学习别传和尚的榜样,按数字植树,虽然是从佛家的教义出发的,但客观上起到了绿化美化环境的作用。直至今天,峨眉山的“古德三林”翠重荫浓,绿云蔽天,为中外游客所称道。“古德三林”就是“古德林”、白龙洞的“功德林”和伏虎寺的“密林藏伏虎”三处胜景。

普陀山为东海一岛，在普陀县境内，素有“海天佛国”之称。五代后梁贞明二年（916 年）日本僧人慧锷最早在此造寺，后寺宇渐兴，代表性寺院就是前山普济寺、后山法雨寺。全山石峻山秀，林木葱茏。频临灭绝境地的最后一株普陀鹅耳枥即保存在普陀佛顶上。

九华山位于青阳县西南 40 里，旧名九子山，因九峰似莲，李白以诗改名。主峰十五峰，海拔 1342 米。唐开元年间（713 ~ 741），新罗僧人金地藏来山上传教建寺，后渐增至 150 余座，至今仍留 78 座。山中苍松如海，翠竹满坡。

祠宅陵庙受保护

> 人类不是环境的创造物，环境是人类的产品。
>
> ——迪斯累利

在我国的古迹中，大部分与名人有关。一是古代帝王将相等的陵墓，二是古代名人的诞生地，三是古代名人的活动遗迹、纪念地。这些地方受到纪念和保护，它们也保护了很多奇花异木。

我国历史悠久，朝代更迭繁多。但改朝换代并未影响大部分历代帝王陵墓，大多保留至今。远至远古传说时代，近至明清，均有帝王陵墓可供游览。著名的有黄帝陵，尧、舜、禹陵，秦始皇陵，汉武帝茂陵，唐十八陵，宋七帝八陵，元成吉思汗陵，明十三陵、清东陵、西陵等，此外还有岳飞坟、武侯墓、昭君坟等古代名人墓葬。从保护林木的观点看，值得一提的是黄陵、陈胜墓、十三陵等。

黄陵即黄帝陵，位于陕西黄陵县桥山上，又名桥陵。陵高 3.6 米，周长 48 米，四周砌有一米多高的花墙。陵前有块大石碑，上刻“桥山龙驭”四个大字，相传黄帝由此乘龙升天。黄帝姬姓，号轩辕氏，少典之子，传说为中原各族人民的共同祖先。相传黄帝曾教人养蚕、系舟，而文字、音律、医学、算术等都始于黄帝时期，后世尊黄帝为“人文始祖”，许多帝王曾到此祭祀。桥山的东麓有轩辕庙，相传建于汉代，原在西麓，是宋朝时迁建东麓的。庙内外有古柏数万株，其中一株高近 20 米，下围达 10 米，中围 6 米，为中国现存最大的一株古柏，传为黄帝亲手所栽，故称“黄帝手植柏”。黄陵还有一株叫“挂甲柏”的古柏，相传汉武帝祭黄陵时曾在此挂盔甲。黄陵古柏未必是黄帝手植，但历代帝王尊仰黄帝，注意保护黄陵，不断补植柏树，保护这些古木却是真的。

如宋朝嘉佑六年皇帝命令补植小松柏千余株，宋代还记有“差三户巡守”桥山林木之事。元朝泰定二年，皇帝下令，凡在林中“执把弹弓”打鸟，或有愚徒之辈，泼皮事人“执斧具”毁坏林木者，均须拿到官府行断罪。明朝嘉靖四十二年，立碑免除黄陵税粮，此例沿袭至清。因为这些原因，黄陵树木才得到妥善的保护，才使这数万株古柏保存至今。

在河南省永城县芒砀山主峰南侧，有一座古墓，是秦末农民起义领袖陈胜之墓。陈胜在历史上并未被列为流寇，司马迁的《史记》中亦有《陈涉世家》（陈涉即陈胜），这是仅次于天子一级相当于诸侯王公的篇目。陈胜的墓地受到历朝的保护。至今这座古墓掩映在松柏、冬青的翠绿之中。

十三陵是明代从成祖以后 13 个皇帝的陵墓。明朝灭亡，清兵攻占北京，满清王朝的统治者不但不破坏十三陵，而且下诏保护十三陵及其林木，至今十三陵古木参天，与清朝统治者的诏令很有关系。全国解放后，还修建了水库，开放了定陵地宫，使十三陵成为游览胜地，附近又广为植树，使这一胜地更加葱绿可爱。

在中国历史上，曾出现过许许多多有杰出贡献的学者、文学家、政治家、军事家，后人为纪念他们，往往在他们的诞生地或旧居建立祠堂庙宇，这些祠堂庙宇便成为名胜古迹，受到官方和民间的保护。其中比较著名的有，山东曲阜的孔林孔庙、为纪念东汉大医学家张仲景所建造的河南南阳医圣祠，为纪念宋代文学家苏洵、苏轼、苏辙父子的四川眉山县的三苏祠，为纪念岳飞而建的河南汤阴县岳飞庙等。

在这些古代名人故居纪念地，大多古木掩映，花草繁盛。如孔庙，大成殿前杏坛上四角凉亭周围，杏树葱翠。孔林是我国最大的人造园林，占地三千余亩，其内各种古木郁郁葱葱，千姿百态。孔子出生地曲阜市东郊的尼山，松柏苍翠，景色幽美。孔子的学生闵子骞（前536～前487）的出生地在安徽省宿县，在他的家乡建有闵祠，祠内现存一株古柏，一株古银杏。传说闵子骞生母死后，父亲又娶了个妻子。这位后母对闵子骞不太友好，经常虐待他，但他仍能孝敬后母，孔子十分赏识他的孝行，多次表扬他。有一次，孔子还说，好的德行，要象松柏常青，如公孙树久远。闵子骞感于孔子的教诲，就在他的出生地栽下两棵树，一棵是柏树，一棵是银杏树（又叫“公孙树”）。后人分别将其命名为“闵柏”和“闵公孙”。

2500多年来，这两棵树历尽劫难。最大的一次是在北宋末年。当时金兀术南侵，宿营闵祠，把战马拴在银杏树上。正好有天晚上遇宋军突袭，金兀术来不及解开拴马的缰绳，焚营逃循。幸得当地群众及时扑救才灭了大火，两株古树才保存下来，但银杏树东侧自地面根茎至分权处被烧焦，至今伤痕犹在。

三苏祠原为苏洵、苏轼、苏辙居住的宅院，本身就是一座古代园林，受到后人的悉心保护。祠内一株清代古银杏，粗约20围；一株黄荆树已历300余载，是在清代重修三苏祠时自己长出的一棵奇树，如今虽然树老心空，依然老干槎芽，亭亭玉立，青翠可爱；还有一株大榕树，是从古榆树茎上长出来的，虽已二三百年，仍枝叶扶疏，壮观迷人。

中国的名胜古迹中，有一些是专门纪念某些历史名人的行为、活动、政绩的。如著名的山西太原晋祠，是为纪念周成王同母弟唐叔虞的。这座古建筑园林内，山环水绕，古木参天，更有周柏、唐槐，闻名遐迩，为全国重点文物保护单位。江苏吴县有个邓禹庙，相传东汉大司徒邓禹曾隐居于此，庙院栽柏四株，后人称之为邓禹柏，今树龄已有1900多年。山西芮城县大禹渡，有一株苍劲的古柏，柏树下的石碑上记载说，当年大禹治水时，曾在这棵柏树下观察黄河水的流向，后人把此树称为“神柏”。相传在明朝时，有些地方官吏和豪强地主企图砍柏卖钱，后因当时群众强烈反对而未成。清代，又有人阴谋剪伐这棵柏树，当地父老请奉公村王瀚曾撰写《神柏歌》，以晓喻官民。歌曰：“大禹渡头有古柏，盘石为根铜为柯，横空元气老不死，乃与日月风霜相荡摩。荒崖断碑搜古迹，记载历历尚无讹：南至华阴东砥柱，人传大禹导水曾经过。蛟螭盘拏怒倔强，圣神手泽曾摩挲。尘世沧桑惊变幻，譬如老成偃蹇遭坎坷。野老尚知留古迹，劝我始作古柏歌。君不见大厦将倾势岌岌，……仗汝撑位三晋表里古山河。”这首歌被当地群众广为传诵，那些妄图砍伐神柏的败类，慑于民众的舆论压力，只好作罢。河南省永城县西南50华里有个造律台，相传是汉初肖何制定法律的地方，台高7米，面积约1800平方米，2000年来都受到保护，有诗称赞造律台是“三面荷花红粉淀，四周杨柳绿荫横”。是当地的重点保护目标。解放后，又得到进一步的保护和绿化。总之，这类名人活动纪念地都保护了一批古树名木。

我国众多的名山大川、遍布南北的宗教寺观和古代名人的祠宅陵庙，为保护祖国的生物资源，特别是树木花草资源做出了一定的贡献，这些名胜古迹从环境的角度出发，也应按照《环境保护法》给予应有的保护。

保护祖国名胜古迹及其名花古木的成绩，当然首先应归功于古代劳动人民，这是最主要的。同时也应看到，古代的某些帝王将相、官吏地主、和尚道士等，也有一定的贡献，不管他们当时的出发点如何，保护的功绩是不容抹煞的。今天，我们仍然应该和宗教界人士结成保护环境的统一战线，发挥他们在保护生物资源方面的积极作用。

制定环保法令

齐国制定环保法令

人类的最后一滴水，将是环境破坏后悔恨的泪。

——佚名

法是体现统治阶级意志，由国家制定或认可，受国家强制力保证执行的行为规则的总称。凡政策、法律、法令、条例、规程、决定、命令、判例等都属于法的范畴。在古代社会，帝王的诏令有一些也可以列入法的范畴。

古代关于保护生物资源、保障其合理开发利用的法律、法令、政策，究竟产生于何时，是怎样产生的，当然很难弄清楚。不过，随着近年来环保工作的发展，不少学者和考古工作者进行了不懈的努力，在古代环保法典研究方面取得了不少令人惊异的成果。这些成果，大大推进了古代环境保护法令的研究。这些进展对今天的环境保护立法、执法工作无疑具有重要的借鉴作用。

在周代，自觉地保护环境，已成为上自达官贵人，下至平民百姓必须遵守的普遍准则，而且有很多保护环境的措施是被当作礼数或法令，谁想违反都不行，就连国君也难以例外。

这里，我们可以先看看古书上记载的一个发生在春秋时代的真实的故事。

故事发生在齐国。

有一次，齐国的国君齐景公一时心血来潮，临时决定要去打猎。那时，山林川泽草木鸟兽鱼虫都由虞官管着，谁也不能随便采伐或捕猎。就是国君要打猎，也必须通过虞官，就像现在厂长要调拨生产器材必须通过计划仓库管理部门一样。

齐景公派人去叫虞人随他去打猎，那知过了一会，那人回来向齐景公报告说，虞人不来。齐景公勃然大怒，这还了得，国君叫虞人来陪他打猎都敢不来，看我不杀了这小小的虞官。

齐景公怒气冲冲地找到虞官，手指着虞官的鼻子说："寡人叫你陪我去打猎，你为什么不来，你眼里还有没有寡人?"

虞人上前施礼回答道："大王息怒，不是我敢不来，是刚才招我的人没拿虞旗，他拿的是旌，旌是招大夫的，招虞人必须拿虞旗来，这是咱们国家的规定，我不敢违反，因此没来。"

齐景公听了他的回答，翻翻白眼，无话可说，因为虞人所说的那些礼节都是国君规定的，只好把一腔怒气发泄到刚才去招虞人的那个随从身上："笨蛋，废物，你怎么连拿什么旗都记不住，滚开!"

后来，孔子听说这件事后，连连称赞这位虞人遵守环保制度，恪守职责，而且还保护了生态环境，做得对。

我们撇开齐景公的心血来潮和虞人的遵守环保法令不谈，从这个故事中可以折射出，齐国当时制定的这个保护生态环境的法令是很科学和谐的，齐国制定环保法令可以说是对保护自然资源和环境做出了巨大的贡献。

《礼记》的环保规定

鲸鱼不在小溪中。

——朝鲜谚语

如果是最古代的环保法令，我们首先想到的是什么呢？

我们当然会首先想到《礼记》中的种种环保规定。

《礼记》是我国秦汉以前各种礼仪论著的选集，和《诗经》、《尚书》、《易经》、《春秋》合称“五经”，是儒家学说的经典著作。在这本书里，对保护环境的礼仪规定得相当详细。

《礼记》中有一个篇目叫《月令》是讲物候节令的，其中对各个季节怎样注意保护生物资源作了严格规定。

《月令》规定，正月是春季的开始，是生物生育的季节，所以在祭祀山林川泽时用的牺牲不能用牝的，如母牛、母羊等。正月里，禁止砍伐树木。不许捣覆鸟窝，不许残害益虫的幼虫，不许猎取怀胎的母兽，不许猎取幼兽，不许打刚刚会飞的小鸟，不准捕杀小鹿那样的小兽，不准掏鸟蛋。这些规定，显然是为了让草木鸟兽正常繁殖。

《月令》规定，在二月，植物刚刚开始萌芽，要爱护它，这时候，对幼小的动物，要特别加以保护和养育。不能戽干河川湖沼的水，不能拿网去陂池塘中捞鱼，不能用火焚烧山林。这种“安萌芽，养幼少”的规定，就是为了让生物长成。

季春三月，国君命令掌管工程事务的司空说：雨季即将来临，地下水开始上涌，要赶快巡视各地，看看原野的形势，必须修整的堤防要立即赶修，淤塞的沟渠要立即疏导，并且要开通道路，使之没有阻塞。还特别要求，捕猎鸟兽用的各种器具和毒杀野兽的毒药，一概不许携出城门，看守田野山林的虞官要禁止任何人斫伐桑条和柘枝。

《月令》又说，四月为仲夏，是一切生物继续生长增高的时候，不能去伤害它们。四月份里不要起大工程，不要征召群众，亦不要砍伐大树，这一方面是不要妨碍万物的成长，也是为了防止耽误农业生产。还让管理山林田野的野虞前往各地，代表天子慰劳农民，勉励他们努力生产，不可违误农时。在这个月里，要常常驱赶家畜野兽，防止它们伤害五谷禾苗，但又不得举行大规模的打猎活动。

仲夏五月，鹿角要脱下来，蝉开始鸣叫，半夏草长起来了，扶桑花正在盛开。这个时候，不要割蓝草染布，也不要烧草为灰作肥料。

季夏六月，这时河湖里龟鳖等水生动物和蒲草都可以取用了。六月又是树木长得最茂盛的时候，于是命令虞人进山巡视林木，防止发生砍伐树木的事。

同样，对孟秋七月、仲秋八月、季秋九月、孟冬十月、仲冬十一月、季冬十二月，《月令》都分别做出了规定。如孟秋可以少伐一些树，仲秋可以多伐一些树。季秋“草木黄落，乃伐薪为炭”。说明采伐林木的政策进一步放宽，体现了按时节封禁与开放的精神，并不是只讲保护，不讲利用。对鸟兽的以时禁发政策也是这样，季秋九月规定天子要教练打猎，这主要是为了练兵，但不能大量捕猎野生动物，而仲冬十一月，人们可以到山林川泽中大量采猎野生动植物，准备过冬。到了季冬十二月，就允许大量捕鱼。

《月令》的这些规定，体现了“山林川泽按时间封禁与开发（以时禁发）的原则，虽然有许多具体规定对今天未必适用，但那时在利用生物资源的同时又注意保护的精神，在2000多年后的今天，仍未过时。《月令》中“以时禁发”的规定如此详细、具体、严格，这也是十分可贵的。

《礼记》中还有专门关于打猎的规定，很具体，有时使人感到很啰嗦，但也有点趣味。《礼记》规定，在春天行猎的时候，国君不得采用合围猎场的办法来大量捕杀野兽，大夫不得整群整群地猎取鸟兽，士人不得获猎取幼兽或拾取鸟蛋。显然，这些规定是为了使鸟兽正常增殖。

《礼记》还规定：天子、诸侯在国家没发生什么大事的时候，每年要行猎三次。打到的猎物又分作甲乙丙三等。甲等当然是优质的，也就是最完整的猎物，晒干后在祭祀这样的大场面上用。乙等的用来宴请客人，最差的算丙等，作家常食用品，自己吃。如果没有大事而不去打猎，那就是不敬。打猎不按规定的礼度进行，那就是破坏野生生物。

打猎的礼节，原则地讲，天子不得一网打尽所有的禽兽，应该留一处让它们逃生。诸侯打猎亦不得将整群鸟兽尽数袭杀。打到野兽之后，天子要降下专用于打猎的大指麾旗，诸侯要降下小指麾旗。天子、诸侯打完之后，大夫接着打。大夫打到野兽之后，就命令停下协助追赶野兽的佐车。大夫的佐车停下以后，老百姓就可以打猎了。不但如此，又对打猎的季节也作了严格规定：正月獭祭鱼以后，管理水泽的虞人就可以下湖了；九月豺祭兽之后，可以进行打猎活动；八月鸠化为鹰之后，可以张设罗网捕鸟；九月草木凋落之后，可以进山砍伐树木；到了十月以后，昆虫蛰藏不动，才可以烧草肥田。还规定：不要捕杀幼兽，不要攫取鸟卵，不要残害怀胎的野兽，不要杀害刚出生的鸟兽，不要倾覆鸟巢。

显然，古人很懂得倾巢之下没有完卵的道理。

我们不必深究古代礼法中的各种细节，而应看到周代的“礼”中，确实包含着许多保护野生动植物资源的规章制度。

令人惊奇的是，《礼记》中的规定，仍然不是最早的。

人们又查找到西周的《伐崇令》，那是公元前11世纪时的一条军事纪律，谁能想到，里面竟有保护环境和生物资源的命令。

《伐崇令》规定：在对崇候的作战中，不准损坏房屋，不准填塞水井，不准砍伐树木，不准伤害六畜。如果有谁违犯了这些命令，一定要处以死刑，绝不赦免。

如果说这些命令是军事纪律，但它能包含一定的保护生物资源的内容，并且规定又十分严格，这是十分可贵的。更重要的，其中还规定禁止采集鸟卵和禁止用毒箭狩猎，更具有环境保护的色彩。

至少从西周开始，我们的祖先重视了对山林川泽的管理及生物资源的合理开发利用，完善了虞衡机构，并相应地制定了一些政令和禁令。当时保护生物资源的政策即通过这些法令体现出来，并由国家或国君命令的形式颁布施行。

人们又发现，在夏朝的时候，也就是大禹和伯益生活的4000多年前，就产生了相当完整而系统的环境保护法令，这就是著名的《禹禁》。

为了更清楚地看一看大禹这道不平凡的禁令的面貌，我们可以把《禹禁》基本上原封不动地搬出来："春三月，山林不登斧（斤），以成草木之长；夏三月，川泽不入网罟，以成鱼鳖之长。"

这条禁令的意思不难懂，简单地说，那就是，在春天的三个月当中，不能带着刀斧进山割草伐木，为的是让草木能正常生长；在夏天的三个月当中，不能带着鱼网下河湖捕捞鱼鳖，为的是让鱼鳖正常生长。

在4000年前，在人类还是幼年的时候，中国就出现了如此自觉保护生物资源的法令，不是很可以让世界对我们的祖先刮目相看吗？

我们还可以上溯得更早一些，看一看神农帝的保护禁令："春夏之所生，不伤不害。"

神农就是传说中的炎帝，历史上也可能实有其人，是原始社会中的一个部落联盟的首领。炎帝和黄帝合称为炎黄，是中华民族的始祖。神农也是中国农业和医学的创始人。他曾"教民稼穑"，也就是把种地的方法教给老百姓，又遍尝百草，鉴别药物，一天中曾中毒72次。不管这些传说确切与否，神农的开拓献身精神和伟大贡献则是永垂史册的。对于神农的保护禁令，也许有人说，谁敢断定一定是神农时候的环保法令，会不会是后人附会定出来的呢？这个问题提得很有道理。神农帝生活的年代，大约距今有五六千年，那个时候有这样明确的保护禁令，确实难以想象，很有可能是后人附会而定出来的禁令，但附会也不能完全凭空捏造。再说，附会的时间至少也在距今3000多年以前，这不同样是很令人惊异的吗？

秦代制定环保文献

我们追求健康环境的努力是无止境的，它应该是一种行为和生活方式。

——安南

很多人凭自己的想象，认为古代人在几千年以前不可能想到要自觉地保护环境，现在公之于世的一些古环保史文献，他们总认为是有人根据现代环保意识把古人的著作美化了。

其实，根本不是这么回事。古人保护环境确实是自觉的。

我们可以找出很多古书的原文来证明这一点。

我们也可以从出土文物中来寻找证据，幸运的是，这样的证据已经找到了。

1975年底，湖北省博物馆以及孝感地区和云梦县文化部门的考古工作者，在湖北云梦县睡虎地十一号秦墓中发掘出一批秦代竹简。这是第一次发现秦简。这次出土的秦简被称作“云梦秦简”。

睡虎地云梦秦简数量真不少，有1100多枚，它是一个叫喜的秦代下级司法官员的陪葬品，其内容十分丰富，计有：(1)《编年纪》；(2)《语书》；(3)《秦律十八种》；(4)《效律》；(5)《秦律杂抄》；(6)《法律问答》；(7)《封诊式》；(8)《为吏之道》；(9)《日书》甲种；(10)《日书》乙种。

这些名目，有的是竹简上原有的，有的是考古工作者整理简文时加的。

在《秦律十八种》之中，有一种原题为《田律》的。《田律》的主要内容是有关农业生产的，其中有一部分则是专门讲环境保护的，其竹简原文如下：春二月，毋敢伐林木山林及雍隄水。不夏月，毋敢夜草为灰，取生荔麛鳍鷇，毋……毒鱼鳖，置穽罔，到七月而纵之。唯不幸死而伐绾享者，是不用时。邑之斫皂及它禁苑者，麛时毋敢将之以田。百姓犬入禁苑中而不追兽及捕兽者，勿敢杀；其追兽及捕兽者，杀之。河禁所杀犬，皆完入公；其他禁苑杀者，食其肉而入皮。

这段简文的意思是：春天二月，不准到山里去砍伐树木，不准堵塞水道。不到夏季，不准烧草作肥料，不准采拮刚发芽的植物，或猎取幼兽，或拣取鸟卵，或捕杀小鸟，不准……毒杀鱼鳖，不准设置捕捉鸟兽的陷阱和网罟。到七月，这些禁令才解除。只有因死亡而需要做棺材的时候，才不受季节的限制。凡是居民点靠近牛马圈及兽类养殖场或其他禁苑的，在幼畜、幼兽刚生下来的时节，居民不得带猎犬前去打猎。百姓的猎犬进入禁苑，如未追捕、伤害苑中野兽时，虞官惩治违法者时要掌握分寸，不得随便处死猎犬；如果猎犬追捕和伤害了苑中的野兽，则要处死猎犬。猎犬若在设有警戒线的地区被打死，猎犬的尸体应完整地上交官府；猎犬如果是在其他禁苑被打死的，允许猎犬的主人将狗肉吃掉，只是狗皮要上交即可。

这段话的意思不难理解，如果说有什么地方需要补充说明的话，那就是“禁苑”。

古时候的苑是帝王或官家设置的专门放养各种珍禽异兽以供游猎的地方，这种地方有的以养兽为主，有的广植奇花异木，也有的掘池放养鱼鳖，有的还建有亭台阁榭，形式和风格多种多样，有时又把它们分别叫“苍”、“囿”、“园”、“池”。有名的苑如汉朝的上林苑，清朝的木兰围场；有名的园如北京的颐和园，苏州的留园、西园等。至于囿，汉代以前为了清楚起见，又把有围墙的苑叫囿，没有围墙的称为苑。后来，就不大区分了。

苑囿是古代奴隶主和封建统治者游乐享受的场所，当然不准平民百姓进去开荒种地、放牧、打柴和狩猎，所以一般都是禁地，因此就叫“禁苑”。许多禁苑实际上是一种保护区，很多珍奇动植物在那里受到了保护。

从上面简文看出，《田律》中的这些法律规定，几乎包括了古代生物资源保护的所有方面，陆地上的草木，山林中的鸟兽，水泽中的鱼鳖，家畜养殖场及苑囿园池，应有尽有，确实是非常全面的。同时，我们知道，《田律》的主要内容是关于农业生产的法律。秦王朝把生物资源保护的规定放到关于农业生产法律的《田律》中，说明之所以作出这些规定的出发点之一在于保障农业的发展，我们不能不承认这是将环境保护与生产发展密切结合起来的正确思维的体现，尽管它不如现在的更明确，更自觉，但已难能可贵。但是，《田律》中的这些保护规定，有的又具有一定的相对独立性，其中的许多内容与农业生产并无直接的联系，有一些与林业、渔业、牧业都没有直接关系，纯系环境保护的内容。由此，我们把《田律》中的上述规定称为秦代环境保护法律是当之无愧的。

秦王朝的法律，主要是由商鞅等制定的。汉代的法律，大都因袭秦律制定，可以说汉朝法律在秦代已大部形成。因此，秦律在法律史上是具有划时代意义的。

在1975年以前，人们能够看到的历史上最早的完整法律是唐律。唐以前的法律，由于历史上有人做过辑录研究，所以我们看到的是一些零章断篇，并未见到完整的法律条文。1975，在云梦出土了秦律后，等于找到了秦代当时的法律文件，因而它成为我国已发现的最早的法律条文。《田律》中的有关规定，也成为我国最早的环境保护法律。

秦以后的环保法制

没有一个清洁美好的环境，再优裕的生活条件也无意义。

——佚名

从秦朝以后，我国的环境状况开始恶化，其中虽然有起有伏，但大的趋势是环境质量日益下降。即便如此，我国的各个朝代差不多都发布过一些环境保护的法令。这些法令，有的是有关某一方面的，有的是有关某几方面的。

西汉宣帝元康三年（前63年）夏六月，曾下过一道诏书，命令京城附近不得在春季和夏季捣毁鸟巢掏取鸟蛋，不得用弹弓打飞鸟，这要成为一项法令。

在南北朝时期，宋明帝泰始三年（467年），明令禁止不按季节捕鸟的做法。北齐后主天统五年（569年）发布命令，禁止用网捕猎鹰、鹞和观赏鸟类。

唐高祖武德元年（618年）发布命令，禁献奇禽异兽。

宋代重视生物资源保护，多次下诏，申明法度或制止滥捕滥猎行为。

这里，有一个发生在宋朝的真实故事。

在宋朝，有一个道德败环的妇人，名字不详，这里权以"某妇"代称。她与一个男人通奸，整天苦思冥想，阴谋陷害她的丈夫"某夫"。有一天，终于想出了一条妙计，不禁大喜过望。

这天下午，某夫回到家里，某妇一改过去冷若冰霜的态度，笑脸相迎，还特地炒了几样新鲜菜蔬，烫了一壶水酒，让丈夫吃个痛快。吃过饭，某妇对丈夫说："我说夫君，我跟了你这么多年，生活总是紧紧巴巴的，你也不动动心思，搞点外快，贴补贴补家用?"某夫叹口气说："这年头，哪有什么来钱的门路，我们又没有本钱!""我倒有个项目，是无本生意，只怕你吃不了那份苦!""吃苦咱不怕!""好，能吃苦就行，"某妇凑近丈夫，诡秘地说："你知道吗，城里人爱吃青蛙，他们管青蛙叫田鸡，一斤能卖很多钱呢!""真的?"丈夫的眼里放出了光，"可那又到哪里去捉呢?""咳，我听人说，城外的水塘里多得是，你不会晚上去一趟吗?""去是可以，可是官家有规定，不让捉青蛙呀!""怕什么，人家都敢去，就你窝囊废。"丈夫借着酒力壮了胆，一拍胸脯："好了好了，去就去，我才不怕呢!"

丈夫前脚走，某妇跟着出门，来到守城军士的营地……

某夫来到郊外，刚抓到几只青蛙，两个守城军士出现在他的面前，不容分说，一条铁链锁了某夫的脖子，被押送到县衙大堂。就这样，某夫终于中了某妇的奸计。

某夫中计固然是那个坏女人陷害的结果，但某夫也是罪有应得。他明明知道官府不让捕蛙，为什么还要抱着一种侥幸心理去捕蛙呢？

公元10世纪的前半期，中国处于五代十国的割据局面，直到公元960年赵匡胤发动陈桥兵变，又经过十几年才统一了全国。

宋代，特别在北宋，仍相当重视生物资源的保护，其突出的地方是注重立法保护，尤其以皇帝下诏令的方式，一再重申保护禁令，不绝于书。

在宋朝刚刚建立、北方还没有平定的时候，也就是杨家将正在前方抵御辽邦入侵的年代，宋太祖建隆二年（961年）二月，便下禁采捕诏，其中说："鸟兽鱼虫，俾各安手物性置罘罗网，宜不出于国门，庶无胎卵之伤，用助阴阳之气，其禁民无得采捕虫鱼，弹射飞鸟，仍永为定式，每岁有司具申明之。"

这条诏令的大意是，鸟兽鱼虫，要让它们按照自然规律来生存繁衍，在春天二月，一切捕捉鸟兽鱼虫的网具，都不应该携出城门以外，不要伤害兽胎、鸟卵，以助阴阳之气，具体禁令是，老百姓不得采捕虫、鱼，不得弹射飞鸟，这个规定要永远成为一种法令，每年有关官吏都要反复申明。

宋太宗太平兴国三年（978年）四月仿效太祖下诏说："方春阳和之时，鸟兽孳育，民或捕取以食，甚伤生理，而逆时令，自宜禁民，二月至九月无得捕猎……州县吏严饬里胥，伺察擒捕，重真其罪，仍令州县于要害处粉壁，揭诏书示之。"

这条诏令的大意是，在春暖花开的时节，正是鸟兽繁育的时候，有的老百姓在春天捕食鸟兽，对鸟兽生育的危害很大，而且违犯了时令，当然应禁止他们，二月至九月都不得捕猎鸟兽，州县官吏要严令乡里基层官员，侦察捉拿违令者，重治其罪，还要命令各州县在交通要道等处的墙壁上刷大标语，张贴布告，广泛宣传诏令，晓以利害。

宋真宗天禧三年（1019年）二月下禁捕山鹧诏说，山林川泽广大，鸟类确实繁多，这本来是好事情，却招致人们以绳套捕捉的祸患，他们把这些鸟禽作为玩耍的东西，对娱乐是有用，但破坏了鸟类的生衍。现在是阳春三月，正是禁捕时节，特重申法律禁令：从今以后，任何人不得采捕山鹧，有山鹧生长的地方，地方官吏要常加禁察。根据这道诏书特别指明禁捕山鹧的内容看，可能当时山鹧系因滥捕而濒于灭绝。

宋代屡屡以皇帝下诏的方式颁发保护生物资源的禁令，说明其重视的程度。宋代把保护法令反复重申，广泛宣传，务使家喻户晓，这种做法是很有效的；宋代还命令州县官吏以至乡长里胥之类的基层官吏侦察捕拿违犯禁令的人，可见其认真程度及执法之严。

辽代，道宗清宁二年（1056 年）发布命令，在鸟兽繁殖季节，禁止在郊外纵火。

在明朝和清朝，也有冬春之交，不准在河湖撒网捕鱼；春夏之交，不准在田野使用毒药的等规定。但总的来说，明法驰禁的时候很多，禁令不很严格。

在我国漫长的历史上，历代统治阶级发布很多关于保护生物资源的法律、命令和舰定，有的是出于合理利用生物资源的目的，有的是为了发展农业生产，也有的是为了满足他们自己淫乐的需要。但不管出于何种动机，客观上都起到了不同程度的保护作用。这个历史，可以上溯到西周，也就是说，已有 3000 多年的历史。迄今所见到的古代环境保护法律的最早、最完整的原件则是秦代的《田律》。《田律》中有关环境保护的规定，不仅是我国最早，也是世界上最早的环境保护法律。

组织环保会议与活动

> 治理污染、保护环境是我国的一项大的决策。
>
> ——陈云

关于环保会议我们讲一下中国环境保护会议与联合国人类环境会议和哥本哈根全球气候大会。

中国环境保护会议是我国为制定、贯彻环境保护方针、政策，研究在经济发展中产生的环境污染和带来的生态破坏，安排近期环境保护工作，加强环境管理和保护环境，而召开的全国性环境保护会议。至1989年止，共召开了三次全国环境保护会议。第一次全国环境保护会议由国务院委托国家计委于1973年8月5~20日在北京组织召开，会议审议通过了环境保护工作方针和《关于保护和改善环境的若干规定》，推动了环境保护工作的开展。第二次全国环境保护会议，于1983年12月31日至1984年1月7日在北京召开，会议明确规定了环境保护是我国一项基本国策；制定出我国环境保护事业的战略方针；初步规划出到20世纪末中国环境保护的主要指标、步骤和措施；强化环境管理。会议具有鲜明中国特色，推进了我国环境保护事业发展。第三次全国环境保护会议于1989年4月28日至5月1日在北京举行，会议评价了当前的环境保护形势，总结了环境保护工作的经验，提出了新的五项制度，加强制度建设，以推动环境保护工作上一新的台阶。

1972年联合国在瑞典的斯德哥尔摩召开了有113个国家参加的联合国人类环境会议。会议讨论了保护全球环境的行动计划，通过了《人类环境宣言》，并将6月5日定为世界环境日。以后，每逢世界环境日，世界各国都开展群众性的环境保护宣传纪念活动，唤起全世界人民都来注意保护人类赖以生存的环境，自觉采取行动参与环境保护的共同努力，同时要求各国政府和联合国系统为推进保护进程做出贡献。

2009年在哥本哈根召开了全球气候大会。对于环保会议本身不环保的质疑，联合国气候会议秘书处提供的消息称，丹麦政府为了让会议本身更加环保采取了很多措施。

首先通过采取各种节能措施令会议中心的能源消耗将较正常水平下降两成，鼓励代表团成员通过公共交通的方式抵达会议中心，鼓励为会议提供服务的酒店增加环保型房间的数量，在会议中心尽量不用瓶装水和纸张，也不会向会议代表赠送礼物或者文件包，将省下来的钱资助11名海外学生到丹麦完成硕士学位。

其次，丹麦政府还将联合世界银行和孟加拉国政府采取措施来抵消掉会议过程中排放的温室气体。由丹麦政府提供70万欧元的资金淘汰位于孟加拉国达卡的砖窑，这些砖窑都属于高耗能、落后的类型，代之以20个节能环保的砖窑。根据丹麦能源署的数据，这一举措将每年减少温室气体排放量达5万吨。

最后，对于会议秘书处本身，秘书处将全部使用可再生能源发出的电能，至于出差方式也尽量采用更加环保的方式，如果能通过视频会议解决问题就尽量使用视频会议的方式。而对于本次会议期间所排放的温室气体，秘书处将通过对2010年的出差方式进行调整来予以抵消。

下面我们说说关于“地球日”游行活动和世界环境日的诞生。

历史上规模最大、影响最广的一次环境保护方面的群众运动。这一天，在全美大约有1500所高等院校和1000所中小学举行了集会，一些著名人士在集会上发表讲话。据估计，包括国会议员、工人、学生等，大约有3000万人走上街头，参加了这次规模空前的群众运动，他们高举受污染的地球模型、巨画、标语牌，高喊环境保护口号，进行游行、演讲、宣传，以唤起人们对环境问题的注意。这次活动的影响很快扩大到全球，有力地推动了世界环保事业的发展，有人评论说，“它是一个信号，暗示着人们对技术统治的危害开始有了清醒的认识。”从此，4月22日成了全球性的“地球日”。“地球日”运动的开展，不仅广泛唤起民众环境意识的觉醒，而且直接和间接地为斯德哥尔摩联合国人类环境会议作了舆论上的准备。

20世纪六七十年代，随着各国环境保护运动的深入，环境问题已成为重大社会问题，一些跨越国界的环境问题频繁出现，环境问题和环境保护逐步进入国际社会生活。

1972年6月5~16日，联合国在斯德哥尔摩召开人类环境会议，来自113个国家的政府代表和民间人士就世界当代环境问题以及保护全球环境战略等问题进行了研讨，制定了《联合国人类环境会议宣言》和109条建议的保护全球环境的“行动计划”，提出了7个共同观点和26项共同原则，以鼓舞和指导世界各国人民保持和改善人类环境，并建议将此次大会的开幕日定为“世界环境日”。1972年10月，第27届联合国大会通过决议，将6月5日定为“世界环境日”。联合国根据当年的世界主要环境问题及环境热点，有针对性地制定每年的“世界环境日”的主题。联合国系统和各国政府每年都在这一天开展各种活动，宣传保护和改善人类环境的重要性，联合国环境规划署同时发表《环境现状的年度报告书》，召开表彰“全球500佳”国际会议。

治理自然环境

伯益的贡献

> 一味地掠夺自然，征服自然，只会破坏生态系统，咎由自取，使人类濒于困境。
>
> ——佚名

我国古代有一部著名的地理学著作，叫《山海经》，里面记载了很多莫名其妙的地名，现在的人经过多方考证，发现其中很多记载并不是胡说八道，而是实有其地。人们愈深入考证，愈发现这本《山海经》高深莫测，越发惊叹在古代没有什么交通工具、没有什么像样的测量手段，怎么会写出这样博大精深的鸿篇巨著。

《山海经》是谁写的？看起来不是一时一人的著作，而是经历多年的集体著作。可是，古时有很多人说，《山海经》是伯益一个人写的。

单凭古人对伯益的崇拜劲儿，我们也可以想象，伯益绝不是等闲之辈。

我们可以再透露一点信息：伯益还是中国第一个、也是世界上最早的环保部长。

如果我能借到威尔斯的时间旅行机，我一定首先去寻访4000多年前的伯益。

可以想象，4000年前的中原大地，和现在的面貌迥然不同。到处林木森森，鸟兽随时可见。我们仿佛听到，在繁茂的草木丛中，忽然传来一阵啁啾鸟鸣，听来似乎百鸟翔集一处。这时候，草丛中走出一个年轻英俊的猎人，原来维妙维肖的鸟叫是他学的。过一会儿，一只凶猛的野猪掉进了陷阱。年轻人一声口哨，招来了四五个猎人，大家对年轻人的本领赞不绝口……

这位本事高强的年轻人，就是我们要寻访的伯益。

伯益是一位传说中的人物，也是一位真实的历史人物。不过，在历史上，一般只是把他看作一个政治家，实际他还是一位杰出的科学家。

伯益又称益，或柏翳。他的科学贡献是多方面的：《汉书·地理志》说"伯益知禽兽"，当指他了解禽兽的行为、习性，具有丰富的动物学知识；《后汉书·蔡邕传》说他"综声於鸟语"，指他会模仿百鸟之声，在当时，这是很了不起的，堪称"鸟类语言学家"。伯益还发明了捕兽的陷阱，这在当时也是一项新技术。伯益的最大贡献，则是在治理环境方面，这自然同他懂得较多的科学知识有关。

在伯益还很年轻的时候，人们的生活环境是很恶劣的。帝舜继承尧的职位后，进行了一系列社会改革，设立了世界最早的环境部——管理山泽禽兽的虞，任命了年轻有为的伯益做了部长。很多古书上还详细记载了当时舜主持部落联盟议事会任命伯益的情形。

帝舜问："谁来管理山林川泽草木鸟兽的事好呢?"大家都说："伯益可以。"帝舜说："好，就请伯益作咱的虞官吧!"伯益谦虚地辞谢说："让朱虎熊罴干吧。"舜说："好啦，好啦，就这样吧，你为主，他们为辅，一块儿干吧。"事情就这样定下来了。

从那时起，历史上才有了管理环境的官——虞，各朝各代环境官员的名称和职责不尽相同，西周有川衡、林衡、虞人、麓人，春秋战国时各国分设有衡鹿、舟鲛等，此制度一直延续到汉、唐和明清。

大禹因治水有功，继承了舜的职位，深受人民爱戴。在大禹的晚年讨论继承人的时候，各部落推举了刑官皋陶，但皋陶很快就死了。于是大家推举伯益作大禹的继承人。这也说明，作为环境部长的伯益，是有成就的，威信相当高。大禹死后，伯益继承了帝位，但禹的儿子启借助父亲的威信，暗中结党营私，靠阴谋手段夺取了伯益的职位，还将伯益杀死。

尽管如此，伯益作为我国古代的一位科学家、世界最早的环境部长，对历史的贡献是很大的，在百姓中有崇高的威望，后人亲切地称他为百虫将军。传说他还经常显灵，因而后人在洛水旁边的一座山庙里特地为他建立了百虫将军显灵碑，足见人民对他的深切怀念。

后世人这样崇拜伯益，当然与伯益在那个时代所做的奉献分不开。

大禹治水

我们已经背弃了大自然。她曾经那样准确恰当地为我们指路，而我们却想用她的教导来教训她。

——蒙田

传说在我国古代，经常闹水灾，人们常常把洪水和猛兽作为两种难以战胜的自然力来看待。

距今4000多年以前，尧的时代是洪水的多发时代，洪水无情，淹没了人畜和房屋，冲毁了田地和道路，破坏了生态平衡。尧是一个非常贤明的君主，他非常体恤下情，又有民主作风。为了能够战胜洪水，他号召人们推举有能力的人出来领导大家去和洪水作斗争，于是人们推举了鲧。鲧对治理洪水非常认真负责，他带着大家到处筑坝拦洪。但是坝筑得越高，洪水就越大，到头来耗掉了大量的人力和物力，不但没有止住洪水的泛滥，反而搞得天下滔滔。尧看到鲧对于治水束手无策，耽误了大事，就在羽山把鲧处死了。同时命令鲧的儿子禹继承父业，带着大家继续治理洪水。

禹吸取了鲧在治水过程中的沉痛教训，他率领着一批助手巡遍了九州，勘察了容易发生水灾的许多地方，每到一地，请教当地的老百姓了解水文资料，搜集人们对于治理洪水的成功做法。老百姓知道禹是为了治理洪水而来的，都积极踊跃献计献策，帮助禹制定治理洪水的可行方案。

禹带领着他的助手们在外调查水文资料，风餐露宿，备尝艰辛，一干就是13年。在这期间，他们吃的是粗糙的食物，穿的是又破又烂的衣衫，跋山涉水，流血流汗。有许多同伴死去了，禹就在野地里举行一次简单的葬礼，用一堆黄土将同伴掩埋。或者是按当地的民俗，举行水葬。事后又投入到紧张的工作之中。禹有三次路过自己的家门口，但他都顾不上进去看一眼。其中有一次，妻子临产，他听到了自己儿子出生时哇哇的啼哭声，也听到了妻子在产床上的呻吟声。助手们都劝他回家看看，但他担心耽误工作，硬是没有进去。由于长年累月在外工作，禹的手上长满了老茧，脚底长满了脚垫，脸上被太阳晒得黑黑的，脚指甲也脱落了，小腿上的汗毛也掉光了，头发上的簪子也不知丢到什么地方去了。他手下的人在他的带动下，克服重重的困难，初衷不改，一直跟着禹日夜奔波，终于完成了浩大的工程调查。

通过认真的前期准备，禹和他的助手们得出了一个正确的结论：水，只能疏导，不能壅塞。于是，禹又发动百姓凿山开渠，把洪水引向大江大河，最后导入大海。在今天的山西河津与陕西韩城之间有一座高山，正好挡住了黄河的去路。奔腾的河水到了这里找不到出路，就溢出了河床，四处泛滥，两岸的广大地区经常是一片汪洋。禹认为这里是一个治水的关键，决定凿开一个缺口，替黄河找一条出路。禹带着大家克服了许多难以想象的困难，终于把山劈成了两半，黄河驯服了。后来的人们为了纪念禹的丰功伟绩，就把这座山命名为龙门山，把这个劈开的山口取名为禹门口。

庄子与虞人的故事

> 为当代和子孙保护好环境，已成为人类的紧迫任务。
>
> ——佚名

庄周就是通常说的庄子，大约生于公元前369年，死于公元前286年，战国时宋国人，中国古代著名思想家、哲学家。著有《庄子》一书。《庄子》中有一个庄子被虞人臭骂一顿的故事，后来就出现了“螳螂搏蝉，黄雀在后”的成语。故事的大意是这样的：

有一天，庄周到一个名叫“雕陵”的栗园中去游玩，走进篱墙内，看见一只不同寻常的鹊从南面飞来，它的翅膀有七尺长，眼睛有一寸来大。庄周被这只奇异的鹊惊呆了，只顾一个劲儿地盯着看。没想到异鹊在庄周的额上碰了一下，停在栗树梢上。庄周说：“这是什么鸟，翅膀这么长却不飞走，眼睛这么大却看不着，竟碰到我的额上？”于是他轻轻提起衣裳（防止衣裳拖地而弄出响声），小心翼翼地迈开步子，慢慢接近异鹊，准备好弹弓，等有机会就弹杀它。就在这时，庄周又看到，一只蝉正在因为栗树树荫好而忘记了保护自己，一只螳螂看见蝉，举起大臂就来捕蝉。螳螂抓住了蝉，也高兴得得意忘形起来，丝毫没注意到异鹊正在盯着它。果然，异鹊趁螳螂得意忘形放松警惕之际，抓住了螳螂。异鹊把螳螂叼在嘴上，洋洋得意，也忘记了会有人在拿弹弓等着弹杀它。庄周很有感慨地说：“哎呀！事物原来是互相牵连的，两种事物之间往往是互相依赖的。”他扔掉弹弓往回走，觉得自己悟出了一条真理，很是得意，心想我得赶快把它记下来，没想到看管栗园的虞人怀疑他是偷栗子的，早就盯上了他，见他要走，追过来把他臭骂了一顿……

这个故事的结尾是：庄周回到家里，三天没有出门。一个弟子问他为什么不出门，他说，蝉、螳螂、异鹊和我都犯了得意忘形的毛病，都没有想到自己身后的危险，所以我要待在家里好好想一想其中的道理。

这个故事未必实有其事，也可能是个寓言，但它是一个科学寓言。其中的蝉－螳螂－异鹊－庄周几个环节之间，是食与被食和依次被食的关系，这不仅简单地反映了生物之间的依赖关系，而且包含了模糊的食物链思想，正是现在经常说的“大鱼吃小鱼、小鱼吃虾米、虾米吃泥巴”的食物链思想的另一种表达方式。庄周由这个寓言得出“物固相累，二类相召”的结论，既具有哲学意义，也具有生态学意义。

现在我们要弄清楚的是，虞人是干什么的，他怎么那么厉害，连大学问家庄周他都敢臭骂一顿？

原来，虞人不仅是看园子的园头，而且是个官员，是当时环境保护机构虞衡的官员。

在我国历史上，许多朝代都建立过称作“虞”的管理山林川泽政令的机构，有的是部一级的，有的是司局级，如虞、虞部、虞衡清吏司等，还配备了一定级别的官员，如虞部下大夫，虞部郎中，虞部员外郎，虞部承务郎，虞部主事等。最早的虞是帝舜时设置的九官之一，相当于部级，虞官就是伯益，“虞”的称谓似乎既代表机构，又是官衔名称，帝舜任命伯益为虞就是部一级的虞部长官。

在不同的场合，对虞衡的称谓有多种。

对虞的称谓有：虞师，总管山林川泽政令的官。管仲和荀况都说过，虞师的职责是：制定防火的法律，保护山林川泽草木鸟兽鱼虫，按时封禁和开发，保证国家的物质供应。可见，虞是综合性的环境保护官，而且又兼管物资供应。

除了综合性的环保官以外，还有专管某方面事务的虞官，其职责不一样，名称也不同。

《左传》中说，山林中的树木，由衡鹿管理；沼泽中的蒲苇，由舟鲛管湖泊中的水草，由虞侯管理；海中的盐产，由祈望管理。这里的衡鹿、舟鲛、虞侯、祈望都是虞下面的分部保护官，名、责各异而已。

也有的地方是虞人管山林中的木材，甸人则管薪柴。

后来，有的诸侯国又把管山林的虞称为山虞，管湖泽的虞称为泽虞，再下级，还有水虞、兽虞、野虞。

比虞低一点的保护机构是衡。衡官也有不同名称，如林衡、川衡、还有麓人、衡鹿等小衡官。名称不同，级别和职责往往也不相同。后来，就用“虞衡”来代表古代生物资源保护事业和机构以至职官，一直延续到明清。

对于虞衡的职责，由管仲和荀况的概括性论述，我们完全可以理解为：国家制订保护山林川泽的法令，保护好生物资源，合理地开发利用，以保证经济的持续发展。虞衡的这些职责，虽然不能包括今天环境保护的全部内容，但包含了相当大的一部分。根据虞衡的职责，我们不能把它看作是古代的林业部或水产部甚至物资局，只能认为它就是古代的环境保护机构。

诚然，古代虞衡的职责中，还常常包括打猎、伐木、打渔、管理苑囿、负责某些物资供应等，往往因时而异，但它们的主要职责仍然是管理和保护山林川泽，至少设此政府机构的大部分王朝都如此。

周朝时期生物资源的保护

采菊东篱下，悠然见南山。

——陶渊明

如果人类的古代时期只晓得以火焚山，驱逐禽兽，而不晓得爱护草木鸟兽资源的话，那我们不可能有今天的环境，或者说，我们所处的环境条件会比今天更差。

如果认为我们的祖先在三四千年前只晓得放火烧山，那是一种极大的误解。事实上，放火烧山只是在特定的一个时期或某些时期所采取的保护人类生存环境的措施，而在更多的情况下，古人的做法正好与此相反。

前面有个故事叫“网开三面”，是讲商汤的爱护动物的故事。当时各路诸侯听说这件事以后，都盛赞商汤道德极为高尚，因为他能爱护鸟兽，所以商汤起兵讨伐荒淫暴虐的夏杰的时候，各路诸侯都支持商汤，商汤很快就推翻了夏朝，建立了商王朝。

古代的几个文明古国，也就是北非的埃及，底格里斯河和幼发拉底河流域的巴比伦，以及印度和中国，在距今5000年至4000年上下，都建立了奴隶制国家。在距今3000年左右，欧洲南部地区开始使用铁器。铁器比铜器更坚固耐用，矿产也多，造价低廉。因此，“铁使更大面积的农田耕作，开垦广阔的森林地区，成为可能。它给手工业工人提供了一种其坚固和锐利非石头或当时所知道的其他金属所能抵挡的工具”。从而促进了生产力的发展和奴隶制的建立，古希腊和罗马就是在这个时期进入奴隶社会的。

我国从夏代起即进入奴隶制社会，时间大约是公元前21世纪。奴隶制社会经过夏、商、西周三代，在东周以后逐步进入封建社会。史家多将夏、商、周合称为“三代”，本书也把它们放在一起叙述。

在距今三四千年以前的夏商时代，我国北方地区的气候比现在温暖湿润。据《诗经》记载，商代人称道其先世时说：“陟彼景山，松柏丸丸。”这是说当时有很多森林。

20世纪50年代在河南偃师二里头发现的公元前2080~前1690年的遗址，以及河南安阳殷墟等商代遗址中，找到多处木结构房屋遗存，并发现商代已采用木炭为能源，作为冶炼金属的燃料，说明“松柏丸丸”的记载并非虚语。郭沫若的研究证明，在商代，黄河中下游还有不少森林、草地和河湖沼泽。

在河北阳原丁家堡出土的夏商时代的化石中，有亚洲象的化石，还有现在主要分布在长江流域以南地区的厚美带蚌、巴氏丽蚌、黄蚬等化石。这都是当时气候温润、森林湖沼众多的证明。在中原地区出土的商代动物遗存中，有些是热带动物的，除野象外，还有貘和野生犀牛。此外，还有野生水牛、麋鹿（四不像）、唐、貉、竹鼠和猕猴。这些动物的生存环境，是温暖湿润的森林、草原、沼泽、溪水。它们活动在河南安阳附近，说明当时这里确实有过大面积的森林，广泛分布着河湖沼泽。

周代的农业已相当发达。但当时的生态环境仍然是很好的。从总的方面说来，当时黄河流域的大部分地区都是森林地区。森林区大致是由渭河上游或更西的地区开始，一直到下游各地。黄河中游西北部则是草原地区。森林区间有草原区，草原地区也间有森林茂盛的山地。

黄河中游陕西岐山之下，渭河之滨，当时是丛林茂密的地区。山上有松树柏树，平展的塬上有柳树柘树丛生。渭河上游森林更稠密，当地居民利用取材方便的条件，盖了很多木板房屋，俗称“板屋”。秦岭山脉绵延起伏，山林不断。黄河以南的熊耳山、崤山以至嵩山，黄河以北的中条山、太岳山以至太行山，莫不是森林茂密地带。在泾河和渭河下游的周塬，林木成片，往往一望无际，也有少数森林草原相间的地带，只有渭河北部的盐碱地区植被比较差。黄河下游平原广大，河流纵横，湖泊繁多，地势低下，植被良好。当时的河南郑州一带是广大的草原。在黄河下游广大平原上，只有一些小块的盐碱地。

从上面的记事，可以看出，周朝，特别西周的时候，中国的生态环境是很棒的。周代的环境质量之好，连外国学者都十分称道。美国学者埃克霍姆在一本叫《土地在丧失》的书中说：“甚至早在腓尼基人定居以前，人们就迁入中国北部肥沃的、森林茂密的黄河流域。几世纪以来，迫切需要永无止境的农田，终于导致华北平原大部分地区成为无林地带。这种趋势在周朝872年之久的统治时期（前1127～前255），被部分地制止了；这一黄金时代产生了肯定是世界上最早的“山林局”，并重视了森林保护的需要。但是，在周朝灭亡后的2200年中，广泛破坏森林又重新变为一项准则了。

周代在我国环境史上甚至在世界环保史上都是一个极其重要的朝代。周代建立了相当完善的保护生物资源的体制，制订过法令并较为普遍地得到贯彻执行。因此才使周代在发展生产的同时，较好地保护了自然环境和自然资源，不愧为“黄金时代”的称号。

苏轼徐州战洪水

地球只有一个，失去它，我们到哪里去寻找家园？

——佚名

徐州市区庆云桥东，故黄河南岸大堤上，矗立着一座双层飞檐的黄色高楼，歇山抱厦，光彩熠熠，这便是新修复的黄楼。

历史上的黄楼，是900年前徐州知州苏轼率领徐州军民战胜洪水之后，于宋神宗元丰元年（1078年）八月在徐州城东门之上建造的。熙宁十年（1011年）四月，苏东坡由密州（山东诸城）调任徐州知州。苏轼在徐州一年又十一月，为徐州人民做了不少好事，也写下了许多描绘徐州风土人情的名篇佳作。

北宋熙宁十年（1077）七月十七日，苏轼到徐州任知州不久，黄河在澶州曹村决口，汹涌不可阻遏，淹没45个县，冲毁田地30万顷。洪水侵到徐州，大水围城，水深9米多，高出城内地面3米有余。目睹洪水咆哮、庐舍坍塌的惨状，苏东坡穿着草鞋拿着木杖，亲率全城军民昼夜苦战，抢救灾民，并筑成一道长948丈、高10丈、宽2丈的东南防洪长堤，同时将城墙加高，墙基加厚。在他的组织、指挥和影响下，军民万众一心，众志成城，终于避免了大水灌城的惨祸。

水退之后，苏东坡一方面请求朝廷免去徐州赋税，一方面增筑“外小城”。顺便在城东门城墙上建造两层高楼，起名“黄楼”。“黄楼”表层，用黄土涂色，取“土实胜水”之意。黄楼临黄河而立，表示了苏东坡对黄河洪水的警觉。

苏轼“以身帅之，长城存亡”而战胜洪水的壮举，受到朝廷的奖谕，也深得徐州人民的感激与敬重。九月九日重阳节，苏轼大宴宾客，举行典礼，奏乐庆贺黄楼落成，他高兴地写下《九月黄楼作》一诗留作纪念。从此黄楼成为徐州富有历史意义的名胜古迹。

周朝的虞衡

别让可爱的生灵在我们这一代人手中消失。

——佚名

在我们说到周朝的虞衡是政府设的环境保护机构时，有人就问：是政府的机构？它们的职责有明确规定吗？它们有编制吗？

有！

先秦的环境保护机构见诸文字记载的，最早的为帝舜时设虞为九官之一，而最完善的就数周朝。

周代的官制很复杂，历史学家的说法也很不一致。不过，有一本书叫《周礼》，它对周朝的虞衡机构的记载很详细。据《周礼》的记载，周王朝在地官司徒下面，设山虞、泽虞、林衡、川衡来管理国家的山林川泽。

《周礼》规定了山虞、林衡、泽虞、川衡的职责和编制。

山虞掌管山林的政令。有物产的地方设藩篱为界，并为那些守护山林并从事山林生产工作的人们设立各种禁令。仲冬砍伐在山南生长的树木，仲夏砍伐在山北生长的树木，只有在制做某些工具时才可以砍伐较幼小的树木，按时送交工官车人等。命令百姓们在十月的时候，始可砍伐木材，但要在规定的期限内砍伐。如果因国家工事需要而进山选砍适用的林木，那就不受上述日期的限制了。百姓们在春秋季要砍伐树木，不能进入山林产地的藩界，但可以砍伐四野平地所生的树木。有盗伐树木的，要受到法律制裁。若祭祀山林，主持祭事，要把道路打扫干净，要清理坛场，并禁止闲杂人等通行。王者亲自来打猎，要负责清除山地猎场的草莱，到了打猎结束的时候，要在打猎场所立起虞旗，将猎获的禽兽割掉左耳，放在虞旗旁边。

至于为什么割掉猎物的左耳，那就得请教古人了。

林衡，掌管巡视林麓，执行禁令，调配守护林麓的人员，按时考核他们守护林麓的功绩，赏优罚劣。如要砍伐木材，必须遵守山虞的法令规定，掌管林业政令。

泽虞，掌管国家湖沼的政令。设立藩篱界限与禁令，使当地居民守护水面的物产，按时交纳皮角珠贝给官府，以此作为赋税，其余则归人民所有。凡祭祀与招待宾客，可以用水产品，丧祭，可以提供所需要的苇蒲。若王者亲行打猎，要清除湖边的草莱。到打猎结束的时候，要立起虞旗，将猎获的禽兽割去左耳，放在虞旗旁边。

又是要割掉左耳，我们虽不明白其中的用意，但肯定这是很重要的。

川衡，掌管巡视川泽，执行禁令，调配守护的人员，时常视察他们的住处，提出守护的注意事项。有犯禁令者，立即抓住诛罚之。祭祀及招待宴客，可以提供一定的水产品。

虞、衡并不是官名，而是政府管理山林川泽的机构。有机构就要有编制。根据《周礼》的记载，它们的编制是相当大的。

大山虞由中士四人为首，大泽虞亦是，显然虞是衡的上级机构，这从前面的职权介绍也可以看出来。大林衡、大川衡的编制多于大山虞、大泽虞，但主要是徒的人数多，其他人员并不多。徒可能是从事实际劳动的

“工人”。

在《周礼》中，并没有各山林川泽的虞衡的总虞师之类的机构，看来他们是直接归六卿之一的司徒领导的。司徒管土地和人民，管农林牧渔业的税收，而虞衡才是专管“山泽所生之物”及其禁令的。周代的这一整套虞衡机构是西周建立的。

虞衡的“承袭”

生之有时而用之无度，则物力必屈。

——贾谊

周代建立的虞衡官制，只保持了800多年，到秦汉之际，就发生了一些微妙的变化。

秦汉官制大体相同。据《历代职官表》，秦汉是没有称作“虞衡”之类的职官的。没有专门机构，并非说秦汉的山林川泽无人管理。

战国后期，有很多土地因无人耕种而抛荒。在各国战争及秦统一六国的过程中，又出现了大量的无主荒地。秦统一六国后，这些无主荒地及山林川泽，均归国家所有。国有土地由田啬夫管理，原先的皇家猎场，园林等由苑啬夫管理，他们分别是秦代的畤官和苑官。秦代还设有林官、湖官、陂官，他们则是管理山林川泽的啬夫。

汉代的山林川泽也是受国家管制的，老百姓不能随便取用，只有遇上特大灾害，皇帝才特别加恩开放。如汉孝文帝时，天下大旱，蝗虫成灾，皇帝法外加恩，下令诸侯不必进贡，开放山林川泽，降低供应标准，精简机构和官员，开仓济民。这说明汉代的山泽管理在平时也是相当严的。

秦代的苑官、林官、湖官、陂官等，在汉代也同样设置。他们都归少府领导，这一点秦汉是相同的。少府在秦代开始设置时，它的任务是掌管山海池泽之税，以保障皇室的供应。可见，少府的职责和周朝的虞衡大体相同，只是保障物质供应的任务更多一些。

汉代少府有卿一人，下属部门有四个：太医、太官、守宫、上林苑，四者各有令一人，自侍中至御史，都是文官。汉代把山泽陂池之税称为“禁钱”，归少府管，当然山泽的禁令也是少府管的。

汉代还有个上林苑令。上林苑令是上林苑的主管，次官尚有上林苑丞、上林苑尉。汉武帝时设置了水衡都尉，主管上林苑，后来权力扩大，连农田水利、造船等都管了起来。权力很大，把少府原先管理的御差、上林、衡官及铸钱的事也抓过来了，俨然与少府平起平坐。在王莽篡位建立新朝后，改水衡都尉为予虞。东汉时，不再设水衡都尉，其所管的事皆归了少府。

三国两晋南北朝（220～581）虽只有300多年，但大多数时间战乱频仍，和平安定的时候比较少。虽然如此，许多王朝还是设置虞衡，对山林川泽进行了一定的管理。

三国时，曹操建立的魏国就设了虞曹郎，相当于司局级建制。

晋是司马炎篡魏称帝建立的，设有34个曹郎，也可以说是34个部，内中有虞曹、屯田、起部、水部等。其中的起部管起造宫室，隋朝以后改称工部，成为六部之一，虞曹为其属下。东晋康帝和穆帝以后，精简了18曹郎，虞曹郎也被撤销了。

南朝的宋、齐、梁、陈都设过虞曹郎。

北朝的北魏设虞曹郎中。文帝太和十五年（492年）十二月置虞曹少卿官。

北齐设虞曹郎中及虞曹主事。

北周设虞部下大夫、小虞部上士、山虞、泽虞、林衡、川衡中士和下士，似乎比较完善。

在两晋南北朝时期，尚书事务日益繁重，开始分曹治事，下分二三十曹，尚书本身已超过现今部的建制。郎或郎中是尚书曹司的长官，其级别介于今部或司局之间，也许可以视为部长或副部长。可见当时虞曹的级别还相当高。

隋、唐、宋、明、清都设有虞衡机构，有的叫虞部，有的叫虞衡清吏司。

公元6世纪，隋文帝统一中国，建立隋朝，结束了300多年的分裂混乱局面。

隋朝中央首要机关分为三省，尚书省为其中之一。尚书省有吏、户、礼、兵、刑工六部。工部即由晋朝起部而来，掌管各项工程、工匠、屯田、水利、交通等事务，其中包括管理山林川泽政令的虞部，相当于司局级。虞部长官为虞部郎，次官为虞部员外郎或虞部承务郎，并配有下士级的虞部主事。

唐代政府体制与隋大体相同。工部仍为六部之一，尚书为部长，侍郎为副部长，掌管天下百工、屯田、山泽政令。其下属有四个部（相当司局）：工部、屯田、虞部、水部。

虞部首长为郎中，级别为从五品上。唐高宗龙朔年间改称司虞大夫。有时又称司虞郎中。次官叫员外郎，1人，级别是从六品上，或称司虞员外郎，与处级相当，或略高于处级。主事2人（从九品上），令史4人，书令史9人，掌固4人。共21人的编制，和现在的政府司局级编制差不多。

唐朝虞部的职责主要有五项：第一项是京城街道绿化；第二项是掌管山林川泽政令；第三项管理皇家苑囿；第四项是向皇室供应草木、薪炭、蔬菜；第五项掌管打猎有关事宜。除第四项外，其他各项均属今日环境保护的重要内容。

宋朝仍设六部。工部掌天下城郭、宫室、舟车、器械、符印、钱币、山泽、苑囿、河渠之政。下设工部、屯田、虞部、水部。虞部长官是郎中，副长官叫员外郎，下分4个处级机构，各7个人的编制。宋朝虞部的职责是三项，其一是掌管山林川泽政令；第二是掌管苑囿；其三是掌管矿业冶炼。三项中有两项是今环保方面的工作。

辽王朝曾设监养鸟兽官，如监某鸟兽详稳（官名）监某鸟兽都监（官名）等。但其管理的只是苑囿中的鸟兽。

金王朝工部除管修造营建法式、诸作工匠、屯田、江河堤岸、道路桥梁之事外，亦管山林川泽的禁令。但未专门设虞部。

元朝工部主要管工程及百工政令，也未设虞部。

明朝官制设六部，官长仍为尚书。工部下设营缮、虞衡、都水、屯田4个清吏司。

明朝虞衡清吏司主管山林川泽禁令，负责草木鸟兽鱼鳖的采捕和陶瓷冶金事宜。明代虞衡司还管农业保护，名胜古迹保护，并继承了古代山林川泽“以时禁发而不税”的政策，只征薄税而听民以时取用。明代虞衡司分水课、陆课，又比宋代4个处级机构更进一步，更符合保护生物资源的要求。

清代六部及工部、虞衡清吏司与明代相同，清代虽让虞衡掌管山林川泽，但更多的是让他们备办军需器物。总之，从周朝开始建立的环保机构虞衡断断续续延续了近2000年。

管理山林川泽，对生物资源进行确实的保护和合理的开发利用，是现代环境保护的重要内容，也是古代虞衡的主要职责。我国在几千年前即建立了环境保护机构——虞衡，并基本上延续到清代，这在世界环境保护史上也是绝无仅有的。自然，历史时代不同，环境问题的内容不同，虞衡的职责也有差异，这是很自然的。我们既不能以古今环保机构的职责有某些差异而否认古代已有环保机构的存在，也不能以古代的某些落后的做法而非难古人。实际上，今天的环境保护机构是古代环境保护机构的继续和发展。

《禹贡》的贡献

> 取之有度，用之有节，则常足。
>
> ——司马光《资治通鉴》

在人类的历史上，我们的祖先很早以前就进行过某些综合的或单项的国土整治。

我国古代的国土整治，有的是为了发展生产，振兴国家；有的是为了普查田地，核定税额；有的是为了环境的目的，为了建设美好的家园；还有的是从国防的目的出发而进行的。不管历史上各次国土与环境整治行动出于何种原因和目的，它们的客观效果是不容置疑的。我们的祖先在人类历史上进行的国土整治，比当前世界各国进行的国土整治早了几千年，其经验与教训，无疑对今天的国土整治与环境保护，有重要的借鉴作用。

《禹贡》是我国最早的一部地理著作，传说是大禹所作，这当然是不可靠的。对于它的写作年代，长期以来存在争论，至今没有一致意见。有的说成书于周初，即公元前十一二世纪；有的认为成书于汉初，即公元前二、三世纪；但较多的学者认为成书于战国。

尽管学者们对《禹贡》的成书年代有不同看法，但大家对《禹贡》的价值还是公认的。

《禹贡》详细记载了古代的政治制度，划分了九州，指出了山川的方位和脉络，物产分布、土壤性质，总结了古代治理水土的经验，内容极为丰富翔实，体系完整，结构严密；反映了远古时代国土与环境整治的情况。

书中的内容基本上抛开了神话迷信的成分，大都言之有据，所以具有极高的研究价值。

《禹贡》开头说，禹为了区分九州的疆界，便在经过的山上插上木桩作为标记，并负责为高山大河命名。很显然，这是典型的国土区划、测绘工作。

《禹贡》从第二段开始，分别介绍了九州的情况。在介绍每个州的情况时，先讲该州四方边界，接着讲水利治理情况，然后讲土质、赋税的等级、应进贡的物品和进贡的路线。如讲到冀州时，就是连治水和区划一并说明的；壶口的工程已经结束了，便开始开凿梁山和岐山。太原附近的河道也修理好了，一直修到太岳山的南面。覃怀一带的水利工程，也取得很大成绩，从这儿向北一直到横流的漳水，一些河道也都得到了治理。这里是一片白色而土质松软的田地，这里的臣民应出一等赋税，其中一些地方也可以出二等赋税，这里的土地属第五等。恒水、卫水都已疏通，其水可以流入大海，大陆泽的工程也已经开始动工。沿海一带诸侯进贡皮服时，可从碣石入黄河来贡。

从这一段话可以看出，当时的治理包括了九州的划分及每一个州的疆域的规定，水道的治理，土壤的分类，指明了当时该州的资源（如冀州的皮服）及交通线路。所有这些，都具有国土区划、资源普查及环境整治的特征，也相当全面、完整。虽说不一定全是大禹治水时所做的工作，但反映了古代国土整治的某些真实性情况，这是无可争议的。

《禹贡》的末尾说：九州的水利工程都已经完工，四方的土地都可以居住了。九州的大山都已经开凿治理，九州的河流都疏浚而使之通达了，九州的大泽也都筑起堤防，不至于决溢了。海内的贡道都畅通无阻了，六府的政务都治理得非常好。九州的土地得到了正确的考查，并根据各地区土地质量，谨慎地规定了不同的赋税，各地人民都要根据土质优劣的三种规定交纳赋税。九州之内的土地都分封给诸侯并赐之以姓氏。

由这段话看出，在全面考察九州国土的基础上，进行了全面的整治，百姓可以在这广大的土地上平安地生活，当时国土整治的规模、做法及成绩可见一班。可以说，在今天进行国土与环境整治时，《禹贡》仍具有很大的参考价值。

从单子知陈必亡说起

> 我感到自己有一种神圣的责任竭尽全力，不然的话，我会感到自己有愧于大自然。
>
> ——雷切尔《沉默的春天》

在周代，国土与环境整治被视为立国之本。一个国家的国土不好好整治，这个国家就要灭亡。

《国语》里有一个叫单子知陈必亡的故事：周定王派单襄公去宋国，路过陈国。见陈国国土整治得很不好，回来向定王汇报说，陈侯即使不犯大错误，也要亡国。定王问其原因，单襄公说：陈国的道路上长满了野草，连人都难以通行，收禾用的场圃像废掉了一样没人管，湖泽不修堤坝，河川没有船和桥，这是把先王的教导都丢掉了。按照周朝的制度，路两旁都要种上树以表示这是道路，每隔十里应建立一个接待站以供来往客人的饮食，同时守护道路；市郊区应有放牧的地方，边境上应有寄宿的房舍、候望的人员，池泽干了应长满茂草，苑囿里应当有树有池，这样才能抗御灾害。其余的国土应当都是农田，老百姓没有把农具束之高阁而不干活的，田野里不应该到处杂草丛生，不能违误农时，不能糟踏老百姓的劳动成果，这样老百姓只会富不会穷，只会生活得好而不会挨饿受冻；城市建设应当有规有矩，农村力役更番要有制度。现在陈国道路看不出来，田里长满野草，庄稼熟了也不收割打藏，老百姓疲于为国君做逸乐的事情，这就违背了先王的法制。

从这段话可以看到，一个国家要想兴盛而不衰亡，不但要抓好农牧业生产，还要认真进行国土与环境整治。

当时的陈国确实很不像话，官员们很不负责，单子到达边境，并无候人迎接，司空也不管陪同，膳宰不管吃饭，司里不管招待住宿，城里没有旅馆。乡下没客店，老百姓都去给陈灵公修夏氏台去了。按照周代秩官的规定，外国宾客来了，接待工作由各方面负责人分工完成：关尹（掌关隘的官员）管报告国内，行理（小行人）管持节出迎，候人（向导）管陪同带路，卿要出城外迎接外宾，门尹把门庭打扫干净，如宾客要祭庙，宗祝负责主持祭祀之礼，司里负责安排客人住宿，司徒派人整修道路，司空负责检查道路有没有问题，司寇负责保卫，虞人供应物资，甸人负责供应薪柴，火师负责在会见大厅里点灯，水师负责客人的洗濯用水，膳宰备饭，廪人负责准备米，司马为客人的牲口准备草料；工人为客人检修车仗，百官都各司其职，全力以赴接待客人，使客人感到像到了家里一样。但是单子来到陈国，完全没人接待。可见陈国不单是环境整治差，整个国家都非常腐败，环境不好只是一种表现而已。

果然不出单子所料，不到8年，陈国就灭亡了。

秦汉以后至明清，往往由于人口的发展和战争不断，所以像周代那样全面的国土与环境整治甚少。但对国土或农田的测量和丈量还是重视的。秦汉时代的大司徒一职，是专门“掌建邦之土地之图”和统计这些土地上的人口数目的。当时所设的职方氏；则掌管“天下之图，以掌天下之地”。土训一职负责掌管各州郡的地图。皇帝巡视各地时，土训随行，策马追随王车左右；以便向皇帝随时汇报这个地方的特点和物产。

在我国历史上，曾多次进行过全国性的土地普查或土地丈量。其中规模较大的是东周时楚国、北宋和明朝的土地丈量。

周代对土地进行精确的测量和统计的例子很多，这里仅举楚国一例。周灵王二十四年（公元前548年），楚令尹子木整理田制和军制，即正地的一个例子。这次正地是将楚国的全部土地按平原、农田、山林、湿地等加以分类，再分别测量与登记。这次测量虽然是为了核定税额，但以正地而言确是很全面的。

在北宋神宗（1068～1086年在位）年间，朝廷任用王安石变法，提倡兴修水利，发展生产。王安石实行方田均税法，对各州县已经垦种的土地作了一次大清查，以方为单位，以四边各千步为一方，进行丈量。丈量后，先核定某户占有土地多少，然后依照土地的高下、厚薄分为几类，分别规定每亩的税额。这一类丈量工作，虽然是为了确定土地数量和税额，但客观上总是对国土资源（主要是其中的农田部分）和土地的质量（高下和厚薄）的等级可以有一个全面的了解。

明朝建立以后，朱元璋提倡兴修水利，植树造林，还大量开垦荒地，向边境移民。洪武十四年（公元1381年），明朝政府搞了一次普遍的户口普查。洪武二十年（公元1387年）又搞了一次全国性的土地丈量，命国子生武淳等到各州、县，度量田亩方圆，编上序号，记上地块名称和尺寸编类为册，状如鱼鳞，因而称之为“鱼鳞图册”。这次丈量到二十六年完成，测得全国共有耕地8507623顷。

万历六年（1578年），朝廷采纳大学士张居正的建议，下令再次丈量全国的土地，包括勋戚的庄田和军屯地在内，用了3年时间，共丈出土地7013976顷，比弘治时增加了300万顷，但比洪武时却减少100多万顷，张居正的这次丈地，对普通农民是有利的，对勋戚、地主却不太有利，因为他们多少受到了一些抑制，而全国的经济却因丈地以后实行一条鞭法等改革措施，得到了一定的发展。从国土整治的角度看，这次丈地对摸清国土资源的底数有一定的作用。

管仲讲国土整治

俯仰终宇宙，不乐复何如。

——陶渊明

在我国古代，国土整治还有一定的理论指导。特别是先秦的时候，对全面的国土整治相当重视，进而将国土整治视为立国之本，认为一个国家的国土与环境整治得好不好，关系到这个国家的生死存亡。荀子说，看一个国家的治乱状况，只要到这个国家的疆土上看一看就一清二楚了。如果进入该国境内，看见它的田地荒秽，城邑败坏，那么，这个国家一定乱得很。

荀子在谈到国家各种官吏的职责时，对于国土整治的内容有专门论述。除讲到虞师专管山林川泽外，规定司空的职责是修堤筑坝，开沟通洫，放泄积水，保护好水库，天旱放水浇地，雨涝则关闭库门，按时节开决和堵塞，这样，虽然遇上水旱灾害的年头，老百姓仍能有一定的收成。同样也讲到要根据土地的高低、肥瘦，确定所种植的作物，这是司田的职责。

在荀子之前的管仲对国土整治的论述更多。

在《立政》篇中，全面论述了国君必须注意解决的五个问题，一是山泽不注意防止火灾，草木长不好，国家就会贫穷；二是沟渠没有全线畅通，堤坝中的水泛滥成灾，国家就会贫穷；三是田野不发展桑麻，农作物安排没有因地制宜，国家就会贫穷；四是农家不养六畜，蔬菜瓜果不齐备，国家就会贫穷；五是工程不节俭，国家就会贫穷。反之，山泽能注意防火，草木能长好，沟渠能全部畅通，堤坝中的水不泛滥，田野都种上了桑麻、而且因地制宜，家家养育六畜，种植瓜果蔬菜很齐全，国家就会富足。

管子的这段话，讲了发展农业、牧业和手工业生产，但更重要的或更主要是，他还讲到了保护自然资源，兴修水利，防止水患，合理利用土地资源，这一些都是当今国土整治的重要内容。

管仲在齐为相时，还提出过“正地”，即整顿土地的思想。这也是国土整治的重要内容。对各类土地，特别是耕地，进行普查、测量、丈量、区划、统计和登记造册，为历代王朝所重视。

管仲提出的正地思想，既有核实土地数字的意思，又有修整、划分的意思。他说，土地是政事的根本。天时是非人力所能损益的，可以用来整顿政事的只有土地，所以对土地不可不加整顿。整顿土地，是要对实际可耕地数字，经常进行核实。长的要核正，短的也要核正，大的要核正，小的要核正，长短大小都要核正。土地不核正，官府就无法治理，官府无法治理，农事就办不好。又说，三年修整一次田埂，五年修整一次田界，十年重新划分一次土地，这应经常进行整顿。管子正地的目的也许是为税收，但其国土整治的意义亦不容忽视。总之，在一定意义上说来，管仲类于正地的论述，是古代国土整治思想的具体体现。尽管其中的许多内容并不全面，也没有明确提出国土整治的概念，但其关于保护资源、兴修水利、因地制宜、城乡比例、人口与耕地关系以及整顿土地的思想，亦相当有见地。可以说，正地就是古代的国土整治。

在《管子》一书中，提出了一个有关国土开发的详细的调查研究提纲，其中有：调查一个国家尚未开发的资源，其中可以解决人们急需的有几处？要了解农村马、牛的肥瘦，放牧在山林湖泽中健壮马牛的多少，城郭建筑的厚薄，护城河的深浅，门楼的高低，路障的设置与否，所开垦的荒地使人们受益的有多大面积，等等。

他还提出要从八个方面观察一个国家的富强程度，如视察一个国家的田野，看看它的耕耘状况，如果耕地不深，锄草不勤，宜种的土地没有种，未开的土地很荒乱，农田不肥，荒地反倒不一定贫瘠，按人口计算土地，荒地多而农田少，那么，即使没有水旱灾害，这个国家也一定很穷；又如视察一个国家的山林川泽，看它桑麻生长状况，计算它的六畜数量，就能知道该国的富强程度，如果山泽虽广，却没有保护草木生长的禁令，土地虽肥，桑麻种植却不甚得法，这个国家不会富；再如在城乡比例方面，提出，城市大而农田少，农田就养活不了这个国家的人；又如关于农村人口和土地之间的关系，提出，凡是拥有万户人口的农村，有方圆50里的土地就可以养活这些人口，不足万户的，方圆50里土地中有些山地水面也可以养活，如是万户以上，那方圆50里土地就不能把山泽算在其内；那种土地均已开垦，而人民仍无积蓄的国家，证明是人口与国土、人口与耕地不相称了。

管仲还对土地可以负载人口的数量进行了具体的分析，指出，80里见方的上等土地，可以负担一座上万户人口的城市和4座上千户人口的城镇；百里见方的中等土地和120里见方的下等土地所能负担的人口都和80里见方一样多，因此，80里见方的上等土地相当于100里见方的中等土地，相当于120里见方的下等土地。管子的这些具体结论对今天未必适用，在当时也只能算是半定量的，但是，他研究问题的方法值得称道，其国土整治的意义也相当明显。管子在几千年前能将城乡比例、人口与土地数量的关系提出来研究，在世界国土整治史上也是值得一书的。

周密的城市规划

> 人类善待自然，就是善待自己。
>
> ——佚名

自有城邑以来，城市便成为人类居住的重要环境类型之一。作为连接城市与城市、城市与乡村的交通线路，同城市一样，是当今国土整治中需要认真规划的内容。城市建设，古代中外都有辉煌的杰作，只是要看谁规划得好。我国古代城市与交通建设重视规划，值得我们自豪。同时，了解古代城建交通规划思想，对现在的区域规划和合理布局有重要的借鉴作用。

中国的城市建设，可以上溯到五帝时代，即4000多年前的龙山文化时期。根据古书的记载，大禹的父亲鲧曾主持过城市的营建，可以推测，夏朝以前，中原一带已经有了相当规模的城市。更为难能可贵的是，当时的城市建设已考虑了排污的问题。在河南淮阳县平粮台发掘的龙山文化时期的古城遗址中，发现了陶质的排水管道，管头带有榫口，可以套接起来。可以说，这是世界上最早的城市排污工程的见证。

商代的城市规模更为宏大。从湖北黄陂县盘龙城和河南郑州市发掘的商代城市遗址看，那时的城市建设不光规模大，布局也很讲究。商代城市的排水工程更加完善。在河南安阳小屯一带的考古发掘中，多次出土了陶制下水管道。这些管道通常都由多节组成，每一节长度为40~50厘米，内壁直径大体上都是20厘米，壁厚约1.3厘米。管与管之间的连接方式有两种，有平口的，也有插口的。在两个不同方向管路交叉处还设有陶制三通，这种三通简直就象是现代人给他们特制的一般。令人看后惊讶不止。

在周代，城市建设已有周密的规划，如周敬王十年（前510年），晋国率各国诸侯为周王建设洛阳，在动工之前，士弥牟不但计算了王城的长、宽、高，连排水沟在内的土石方，所需人工和材料，各国劳力往返里程和要吃的干粮数都计算得十分精确。因为工程计划周到精确，施工任务被提前完成。管仲作为一个政治家、经济学家、同时也是一位多才的科学家，他对城市建设很有研究，在《管子》中，对于国都建设的原则有精辟的论述。他说，凡是营建国都，不建在大山之下，也一定要在大河的近旁。高不可近于干旱，以便保证用水的充足；低不可近于水潦，以节省沟堤的修筑。要依靠自然资源，要凭借地势之利。所以城郭的建设，不必拘泥于合乎方圆的规矩；道路的铺设，也不必拘泥于平直的准绳。当时人口超百万的齐国首都临淄正是根据这些原则建设的。临淄齐故都周7公里，总面积

60平方华里，是春秋战国时期各古城中规模最宏大者。它东面凭借淄河天险，城墙筑在淄河的古自然堤上，依地形地势蜿蜒伸缩，向西北方缓缓倾斜，居高临下，易守难攻。西面大、小城外面是系水源头所在，池沼相连，水源充沛，既有利于供水，又有利于防御。大、小城的南北两面，凡是没有天然河道沼池作掩护的地方，都掘有护城壕以相围绕。城内开有排水的沟渠，已探出的有小城西部，大城西部、东北部数处。这些沟渠通过城墙下的排水孔道而与护城壕相连，再注入系水与淄河。整个城市的布局合理而周密，在古代城建中，是排水系统和城防工程紧密结合的范例。

如果说春秋时期城市建设的规模还受到种种限制的话（如各诸侯国的都城方圆不过900丈，卿大夫的都邑最大才300丈，小的百把丈），那么，战国时代就突破了这种限制，出现了不少千丈之城，万家之邑。

城市的发展，促进了城市间的交通建设。

在战国时代，水陆交通已相当发达。仅以陆路交通而言，齐赵之间的午道，以及“成皋之路”、“太行之道”，汉中与巴蜀之间的千里栈道都是十分著名的。至于像魏国那样的平原地带，交通更是发达，史称“诸侯四通，条达幅凑。”

秦统一六国后，下令堕毁了各国旧修的城郭，拆除了要塞堡垒，排除了河道上的障碍，并于公元前220年下令修驰道，以咸阳为中心，一条向东通齐燕，一条向南达吴楚。驰道路基又高又结实，宽50步，每三丈植青松一株。公元前212年，又令蒙恬修直道，由咸阳往北经云阳通九原（今包头西北），长1800余里。

这些有计划的大规模交通建设，对经济发展起过一定的作用。西汉时比较著名城市有20来个，最大的是长安、洛阳、临淄、邯郸、宛、成都、寿春、吴（今苏州）、番余（今广州）。长安比当时罗马城大3倍以上，周60里，12门，9市。城门下有砖券下水道和石砌下水道，街道宽大，可容12辆大车并行。整个长安城布局整齐，成一完整的建筑群体。宫殿占一半，市场和闾里占一半，闾里有160处，居室栉比，门巷修直，十分整齐。通向城门的大街，大都是3条平行街道。全市九街八陌，都栽植了槐树、榆树、松树、柏树，风景如画。现在只知道是公元前 194 ~ 前 190 年修成的，何人规划设计，尚不得而知。

汉代的中外交通进一步发展，南北两条丝绸之路从玉门关出发，殊途同归大秦。缅甸与中国西南的陆路交通，及途经广东的海上交通也在西汉时就已开辟。

长安城至公元 6 世纪的隋朝，又有增建。在建筑学家宇文恺的规划和指挥下，从公元 582 年 6 月动土兴建大兴城，当年 12 月完工。城内南北大街 14 条，东西大街 11 条，共 108 个里坊。道路交通方便、整齐有序。街旁有排水沟、行道树，井井有条，整个城市设计合理，布局对称，里坊区划分明，堪称古代城市规划的杰作。隋朝大兴城的建设，为唐代长安建设奠定了基础，并成为洛阳城建规划的样板。

宋代汴京（今开封）是 10 ~ 12 世纪时世界上最大的城市，人口 12 万。城区呈长方形，它的规划打破了隋唐里坊格局，职能分区明显。布局完善，建筑讲究。汴京以外，苏州、杭州、江宁（南京）、成都、广州、太原、杨州等城市在北宋也很繁华。南宋首都临安（杭州）周 70 里，120 万人，渠道和街道纵横交错，房屋拥挤，尺寸无空，恢复了宋以前的里坊制。南宋较大的城市还有建康（南京）、成都、鄂州（武昌）、沙市、泸州等。在桥梁建设方面，泉州洛阳桥、泉州的安平桥等比较著名。

北京作为金国的中都，元朝的大都，明清等数朝的京城，在规划上各具特色。金中都于公元 1151 年由张浩、孔彦舟规划设计，两年完成，大体格局仿照汴京规制，城呈正方形。元大都放弃了金中都以莲花池水系为水源的旧址，在城东北郊重新建城，基本上遵循《周礼·考工记》中“匠人营国，方九里，旁三门，国中九经九纬”、“左祖右社，面朝后市”的原则，大致是一个正方形的大都，四面各有三门，只北边为二门，市内有纵横交错的大道将市区划成棋盘形，中央部位的前方是皇宫，后方是市场，左方是太庙，右方是社稷坛。元代科学家刘秉忠、郭守敬是元大都的主要设计者。明清对北京城又有多次改造，逐渐形成目前的格局。

综上所述，中国古代城市建设有周密的规划和设计，从西周初年的洛阳创建即已有之，据说周成王亲自审查过图样，因此，洛阳便是世界上有文字记载可查的经过周密规划而建设的最早的城市。汉、唐长安坊市整齐，街道平直，也是历史上城市规划的杰作。元大都按《考工记》规定的原则按先整体、后局部的原则设计施工，为当今城市规划提供了很好的历史经验。

环境变迁的故事

> 世界上有成就的人都是能放开眼光找他们所需要的境遇的人，要是找不着，就自己创造。
>
> ——肖伯纳

根据我国历史地理学界和环境学界的研究，中华民族的生存环境在历史时期发生过巨大的变迁。

这种变迁，一方面是随着社会生产力的进步，人类的某些生活条件逐步改善；另一方面，我们赖以生存的环境在某些重要方面却严重恶化。

如果把中华人民共和国建国之初和我国环境状况同历史上的各个时期，特别是同公元前相比，就会发现前后有天壤之别。建国之初全国的森林覆盖率只有8%左右，在西周春秋战国时期，现在到处是童山秃岭的黄土高原的森林覆盖率曾有53%；建国之初全国水土流失的面积约占全国国土的1/6,除黄河流域外，长江流域的水土流失面积也在扩大，近年已达20%，而几千年以前并非如此；我国的沙漠在历史时期就扩大了12万平方千米，仅现代沙漠面积就达64840平方千米，目前我国的沙漠戈壁面积已超过109万平方千米，基本上是有一亩耕地便有一亩沙漠或戈壁；历史时期以来，有许多湖泊湮废消失，一些物种逐渐减少或绝迹，古今相比，我国环境的某些方面也可以说是某些最重要的方面，是严重恶化了。

造成历史时期环境恶化的原因当然是多方面的，也是复杂的，其中有人为的因素，也有自然的因素，如几千年来气候的冷暖变化，就是自然因素的作用。物种变化、沙漠化等也都与自然因素有关。但是，森林植被破坏及其带来的一系列环境变化，包括水土流失，沙漠蔓延等，则是人为因素起了主要作用。

对森林破坏、水土流失、沙漠蔓延、湖泊湮废以及水源、气候、物种的历史变化来说，人类的经济的、政治的以及其他方面的活动可以说起了巨大的主要的作用。如封建统治者为满足其豪华的宫室、陵寝建设需要而大肆砍伐全国各地的森林，历史上大大小小的战乱糟踏了无数的森林，特别是随着人口的增加，农业的发展，土地的垦辟，大片大片的森林毁于开荒和樵采，使森林遭到更加广泛的反复的破坏。这后一种破坏往往规模更大，更严重。防止这种破坏又多是古代虞衡环保的内容未能包括的。再加上为扩大耕地面积而垦殖草原、开垦山岭坡地、围湖、围海造田，进行大规模的水利建设，在处置失当的情况下，往往造成对环境的严重破坏。

环境是一个整体。生态系统中各个因素之间，不是彼此孤立互不相干的，而是互相联系的，它们之间的关系是互相制约又互相依存的关系。从历史的经验中也可以看出，水土流失的加剧，沙漠的扩大，河流的改道，湖泊的湮废，水源的短缺，某些气候的变化，物种的分布变迁或灭绝等，都与森林、植被的破坏有一定的关系。没有直接的关系，也有间接的关系。在某种意义上说，历史时期环境的巨大变化不但与森林、植被变动有关，而且森林植被的变化往往是一系列环境因素变化的先导。而就中国的中原地带来说，黄河的安流和决溢则是黄河中上游森林植被良好与恶化的直接结果。黄河就象一条心中有数的黄龙，当中上游森林植被茂密葱茏的时候，她是那样的安祥、温顺、明澈而平静；当上游森林植被遭到破坏的时候，她又是那样的怒不可遏、暴跳如雷，桀骜不驯，像脱缰的野马，在大半个中国肆意狂奔，没有任何力量能阻止她的行动。黄河就是古今环境变化公正的证人，历史的见证。

环境是怎样恶化的

山中何所有？岑上多白云，只可自怡悦，不堪持寄君。

——陶弘景

中国的先秦时期，特别是西周时，黄土高原上有大片的森林草原，森林面积超过50%，那时候，黄河是清的，没有现在这样的水土流失，山东、河南一带也都是草木昌盛的丘陵地带，更不用说南方了。在那时，现在的科尔沁沙地、毛乌素沙漠、巴丹吉林沙漠、乌兰布和沙漠、塔克拉玛干沙漠的很多地方，或是草原，或是水草丰美的绿洲，或多湖泊水源，远没有今天这样多沙漠，生态环境也是比较适合人们居住的。

美国学者埃克霍姆说，早在腓尼基人定居以前，人们就迁入中国北部肥沃的、森林茂密的黄河流域。迫切需要永无止境的农田，终于导致华北平原大部分地区成为无林地带。按照他的说法，似乎周朝以前，黄河流域的森林因农业发展而受到大规模的破坏，这看来不足为据。他又说，中国环保的黄金时代——周朝部分地制止了破坏森林的现象；这一黄金时代产生了肯定是世界上最早的“山林局”，并重视了森林保持的需要。他称周代为山林保护的“黄金时代”这倒是没错，周代之所以成为黄金时代，主要有两个条件：一是当时人口毕竟不多，估计只有2000万，生产力低下，虽有铁器工具，但至春秋时期仍是“四境之田，旷黄而不可胜辟”的状况，到战国时期出现了“土狭而民众”的局面，秦国曾有招民垦殖的发展措施，也难免有局部环境恶化的情况，但总的来说，没有因为农业生产而造成森林破坏或大环境恶化；二是因为周代重视山林川泽保护，有一套严格执行的制度，有严密的管理机构，毕竟起了很大的作用。因此，这一时期不但保护得好，而且产生了各种保护的思想和理论，不愧为我国古代环境保护的黄金时代。

周朝以后，是不是急转直下，环境质量在直线下降呢？

并不是。

中国环境质量在历史上的变化也是有起有伏的。

从秦到西汉末年，中国由长期分裂走向统一，人口也有了成倍的增加。到西汉平帝元始二年（公元 2 年），全国达到 1220 万户，5959 万人。为了解决人们的吃饭问题，必须多开荒地，多打粮食，於是垦辟日甚。在秦代，就徙民几万家到河套屯垦实边。在西汉，垦殖规模空前扩大，共垦田 827 万多顷。如现在的乌兰布和沙漠即是西汉开始垦殖的。武帝元朔二年（公元前 127 年）置朔方郡，即在此设四县。《史记》称卫青“兴十万人筑卫朔方”，开官田，“六十万人成田之”。《汉书·匈奴传》说：“又徙关东贫民处所夺匈奴河南地新秦中以实之。”当时这里“引河及川谷溉田”，军垦与民垦规模十分大。朔方郡人口近 14 万，乌兰布和沙漠四县即有 5 万以上，打了很多粮食，史称“边谷米糟”充裕。汉武帝大规模开垦黄土高原上的许多的游牧地区为农业区，共迁徙 70 万人口。而江南大部分地区，也在“伐木而树谷，燔莱而播粟，火耕而水耨”，以极其落后的生产方式开垦土地。秦、西汉时期对黄河中游的开垦，破坏了森林、草原，水土流失趋于严重，黄河支流变浊，黄河由浑变黄，下游河床淤积抬高，成为高出地面的悬河。黄河在西汉 200 年间，决溢 10 次，改道 5 次，比之东汉至隋 500 年才决溢 4 次要多得多。西汉时期黄河出现了频繁泛滥与改道的严重局面，使这一时期成为我国历史上环境的第一次恶化时期。

黄河安流与王景治河

让风沙不再猖狂，还地球一片绿色铺垫。

——佚名

从公元1世纪初的东汉，至公元9世纪的唐朝后期，大体上有800年的时间。在这800年当中，黄河恢复了温顺，处于相对安流的时期。黄河在历史上有800年的安流期，应该说十分难得，然而，在商周至秦代的1000多年间，黄河曾有过一个更长的安流期，这是第一次，而东汉至唐末的安流期只是第二次。

说黄河有两个安流期，只是宏观上大体而言，并非很精确，再说，安流也只相对而言，安流期并不是绝对安流，一点儿决溢改道也没有，相反，在两个安流期当中，也有一些决溢改道的记载，只是决溢改道的规模和损失比西汉时小得多，次数也少得多。正像我们在前面说的，西汉200年间平均每20年就有一次大的决溢，而东汉500年当中平均125年才决溢一次，即使连唐朝算上，在近800年当中，共溢16次，即只有50年才一次，比西汉时几乎少一半还多。

公元1~9世纪的黄河安流，特别在东汉前期，是与王景治河有很大关系的。

王景字仲通，少年好学，多才多艺。东汉明帝永平12年受命治水，与王吴等一起，依靠数十万人的力量，在一年多的时间里，修起了千余里长的黄河大堤，并建设了一些相应的配套工程。

王景治河选择的河道比较好，这条河道入海距离短，比降陡，而且走向正好在一条比较低洼的地带上，河水流速和输沙能力大，因此，使得治河以后很快出现了相对安流的局面。

但是，一条千里大堤修得再好，也难以保持几百年不发生溃决，更不能由此保证800年安流。

看来，王景治河是平息西汉以来黄河水患的主要原因，而难以成为几百年安流的主要原因。

黄河从1~9世纪长期安流的原因也许是多方面的，但主要原因则同黄河中上游流域森林植被的恢复、水土流失的减少有关。

东汉至隋这一时期，战乱频仍，人口大为减少。在晋统一中国时的武帝太康元年（公元280年），只有1616万人。过了300多年，到隋炀帝大业五年（609年）才恢复到4602万人。这一时期，许多耕地荒芜了，无人耕种。由于西北各少数民族的迁入，黄河中游的农业地区缩小，草原相应地扩大。森林虽有所破坏，还不至于过分严重。正是这一时期黄河中游地区植被得到较好的恢复，故水土流失不甚显著，随河水下流的泥沙不多，黄河河床淤积减少，所以下游才能处于较长时间的相对安流的状态。反过来，我们由黄河的相对安流也可反推出黄河中上游生态环境相对改善的结论。事实上，那个时期确实是森林植被恢复的时期。

然而，对于受到沉重压力的中国环境来说，公元1~9世纪的相对恢复只不过是一个短暂的喘息，喘息之后将有更大的压力在等待着她。

黄河再度“咆哮”

> 人的生命是有限的，保护环境是无限的。
>
> ——佚名

唐朝后期及宋、金、元朝700多年当中，中国人口从未低于3000万，如唐玄宗天宝十四年（755 年）是 900 多万户，5300 万人，经过五代战乱，到宋神宗元丰三年（1080 年）还只有 3300 万人，但只过了 30 年，即到徽宗大观四年（1110 年）就增至 4673 万人。到至元二十七年（1300 年）达到 5884 万人，接近历史最高水平的西汉时期。唐朝中期开垦田地数达 620 万顷，尤其是唐玄宗的开元、天宝年间，好像耕田者特别卖力，四海之内，高山峻岭，几乎无处不垦。这种在高山峻岭陡坡上开垦荒地的做法，难免不对环境带来严重后果。在黄土高原，唐代以来又大规模地改牧为农，除一些游牧地区和半农半牧区以外，黄土高原的农区已相当广大。当时封建王朝治国的方略就是要大规模开荒，地方官吏及驻军将帅也积极响应。尤其值得注意的是，今山西西部黄河和汾河之间，西汉的时候，这里还是森林多、人口少、设县无几的地方，可是到了唐代，竟设七州，而壶口东侧，昕水河和清水河流域就设了隰州（今隰县）和慈州（今吉县），下属十县，比现在还多四个县，足见当时田地之多，人口之密。农业地区的扩大，水土流失加重，使塬面加速破碎消泯，沟壑增多延长。位于毛乌素沙漠中的统万城、宥州城等古城，就是在唐代以后逐渐为流沙掩埋的。

唐代后期，黄河又出现了频繁泛滥时期，仅宋朝 300 多年中即决口 40 多次，这和唐朝后期对黄土高原植被破坏不能无关。宋代又在江南大搞圩田、山田，使湖泊面积进一步缩小，使一些山岭失去植被保护，加剧了水土流失。南宋时失去北方国土，在南方围田更烈。太平州当涂、芜湖两县圩田周回达 480 余里，占全部农田的百分之八九十之多。元代亦设屯田军 12 万户又 5 万多人，垦田达 177880 顷，所垦殖的地方，北至岭北、和林，南至海南、八番，也对环境造成一定的压力。加之元代是历朝唯一的没有山林川泽保护机构的朝代，这也是一个重要因素。总之，从唐代至元代，林区大幅度萎缩，水土流失加重，沙漠化速度加快，湖泊面积缩小，整个环境质量状况每况愈下，是我国环境第二次走向恶化的时期。

宋元以来，环境质量每况愈下，哪知到了明朝、清朝，不但没有改善，而且变本加厉。

明清至现在的 600 多年间，是我国环境急剧恶化的时期。这个时期环境恶化的主要标志，首先是森林遭到毁灭性的破坏，数量急剧减少。就拿黄土高原来说，渭河中上游的森林，陕北横山、内蒙古鄂尔多斯高原及阴山、山西岢岚、五寨、保德、偏关、河曲等地的森林，秦岭北坡的森林，多毁于这个时期，特别是清代。北京地区，湘江下游地区的森林也是毁于明清两代。其次，这个时期的水土流失达到空前严重的程度，这是流域森林破坏的直接后果。水土流失的严重恶果表现为黄河含沙量增高、徙决增多。在明朝近300年中，黄河决口60多次，在清朝200多年当中，黄河决口130多次。再次，汉、唐在西北、华北北部的一些垦区和古城，在明清时全被流沙侵吞，巴丹吉林沙漠、乌兰布和沙漠、毛乌素沙漠中都有这种情形，东北的科尔沁沙地，则是清代垦殖后在较短的时间内出现的。还有，许多湖泊消失，不少物种灭绝，也是在明、清以后。明、清两朝同历史上大多数朝代一样，在六部之一的工部下面也设有管理山林川泽的虞衡司，为什么环境破坏如此厉害，环境恶化如此迅速呢？

看来，必须从社会经济发展上找原因，尤与人口增长和垦殖发展关系为大。明初，洪武二十六年（1393年）全国人口已达6055万人，超过历史最高水平，口粮、军粮依赖开荒。洪武时，各州县垦田“少者亩以千计，多者至二十万”。政府组织和调配无地农民，包括部分降民和罪囚去屯种。洪武三年（1370年）迁移了江苏浙江等地农民4000余户往临濠屯种；洪武四年（1371年）迁移今内蒙古和山西北部一带“沙漠”，32000余户往北平屯种；洪武十五年（1382年）迁移广东增城等地降民24000余人往泗州屯种；此外，还迁移山东登州、莱州农民到东昌，迁移山西泽潞人民到北平，迁移江西农民去云南和湖广，等等。这是民屯，还有军屯、商屯。军队在边地三分守边，七分屯由，内地二分守卫，八分屯田，交纳的谷物供作军粮；政府规定盐商要贩盐，必先把粮食运到边疆地区，故盐商在边地募人屯垦，就地交粮，向政府换取贩盐证书，好领盐贩卖。据洪武十六年（1383年）的不完全统计，新垦田地共达1805216顷，占当时全国耕地一半。至1393年全国官田民田，旧额、新垦共计有田8507623顷，超过西汉，比元末增长了4倍多。史书上说当时是“屯田遍天下，而西北为最”。明代北陲设九边镇，黄土高原上有延绥（榆林）、太原、固原三镇，民、军、商庙集开垦，地方官吏和驻军将帅又从而督导，大同当时颇具声名。明代的垦殖同样发展至滥垦，《明经世文编》说“即山之悬崖峭壁，无尺寸不垦”。

这样无限度的垦殖，再加上一人要耕种100多亩地，怎么可能去精耕细作，只能使山林草原破坏，只顾眼前利益，能收多少算多少，不能长期耕种。后来在天顺七年（1463年）统计，全国只有田地429万顷，比估计数少了许多。这里面可能有很多隐瞒，但确有很多垦田是种了一些时候又撂荒了。清朝实行了鼓励人口增长的政策．使全国人口出现了爆炸性的发展。

雍正二年（1724年），全国人口是2500万，耕地683.7万顷（已比明朝后期增加许多），到乾隆三十一年（1766年），只42年的时间，人口翻了三番，突破2亿大关，达到20900万，耕地增至741.4万顷再过了83年，即道光二十九年（1849年）人口又翻一番，达到41299万。单就这些数字可以看出，当时的人口增加，土地开发，社会生产力的发展何其迅速。清代的人口增加。与康熙五十一年（1712年）宣布“圣世滋丁，永不加赋”有直接关系，在这以前，按人头征赋，谓之丁徭银，康熙说当时是太平盛世，宣布以后额外添丁，不再多征税，自然鼓励了多生多育。

人口增加，粮食供不应求，又去开荒。从顺治帝到乾隆帝的100余年中，全国垦田面积总额不断上升，超过了明万历年间的耕地数字。清政府在西北科布多、伊犁、哈密、乌鲁木齐、西宁、于阗等地施行屯垦，一再扩大。乾隆三十一年（1766年），天山北路军屯、民屯（称户屯）共计32.4万亩，到乾隆四十二年（1777年）增至50.7万亩。在乌鲁木齐，汉、维各族原垦地有63万亩，至乾隆五十三年（1788年）又增加了27.3万亩。

当时清廷虽把东北、内蒙地区划为禁区，但因关内人多地少，很多人迫于生活，只得出关或出口外垦殖。据雍正四、五年间统计，奉天各属的旗地民田共85300余顷，至乾隆四十五、四十六年已达156700余顷，吉林各属的民地在乾隆十三年（1748年）时是1580余顷，也在这时增至11000余顷。

康熙时，有数十万贫民从山东、山西、直隶、陕西逃入口外内蒙古垦荒。乾隆以后，热河、察哈尔、宁夏等地垦田愈多，仅郭尔罗斯游牧处所即垦265000余亩。清政府虽曾划定过垦荒禁区，但实际上一般对屯垦又给予积极鼓励，康熙时把垦荒征税的年限放宽到6～10年，比现在办合资企业还放得宽，因而不仅东北、华北、西北，而且云、贵、川、两广、福建、湖、广、浙、赣、台湾，无处不垦。这些垦殖，尽管对发展生产，巩固边防起过一定的作用，但确对环境造成了严重的破坏，而康熙的鼓励人口增加和垦辟土地的政举也应该重新评价其功过。清代以后，人口基数已经很大，增加很快，对环境的压力继续增大，后来实际上已很难控制。对此，康熙不能不负一定的责任。

生态环境的五次变迁

水光山色与人亲，说不尽，无穷好。

——李清照

人类活动，特别是人类的经济活动，是我国历史时期环境变迁的最主要原因。但是，在不同的历史时期，人类经济活动的内容对各个地区来说是不一样的，对环境的影响也有相当大的差异，各个时期的环境质量状况也差别很大。根据黄河中下游地区的历史变迁，我们已经了解中国历史上生态环境的质量状况大体经历了良好、第一次恶化、相对恢复、第二次恶化、严重恶化这么五个阶段，也可以说，中国历史上生态环境发展经历过五个时期。

第一个时期是先秦的良好期。

先秦是指秦王朝建立前的时期，是中国生态环境良好的时期，这个时期的下限是春秋战国，即使从炎黄时代算起，总共也有约2000年左右，也许还可以追溯到更早更久远的时代。

第二个时期是第一次秦、西汉恶化期。

秦到西汉不过200多年，但这个时期生态环境急剧恶化，同这以前和以后有明显的差别。

第三个时期是东汉至唐朝后期的相对恢复期。这个时期约800年，同样这个时期的生态环境与此之前和之后差异明显。

第四个时期是唐朝末期至元朝的第二次恶化期。这个时期大约是500年，生态环境从唐朝末期逐渐恶化，同唐朝前期相比，变化十分明显。

第五个时期是明、清以来的严重恶化期。

从14世纪中期起，中国生态环境加速恶化，速度之快，前所未有，至中华人民共和国建立之时，不过600多年的时间，环境质量急转直下，势无可挡，以至在新中国建立之初的生态环境确实非常恶劣。

从以上关于我国环境变迁的五个阶段的粗略分析可以看出，尽管引起环境变迁的原因是复杂而多样的，有自然因素，也有社会因素，但是，起主要作用的是人类经济活动的范围与规模，其中又尤以农业活动影响最大。在环境质量恶化的时期，都是农垦活动剧烈的时期，反之亦然。明清时农垦活动空前剧烈，环境亦急剧恶化。而农垦活动又是人口的函数，人口的大量增加必然带来土地的大量垦辟。我国环境保护的黄金时代（先秦）和相对恢复时期（东汉至隋）都是人口较少或人口增长较慢的时期，我国环境的两次恶化时期（西汉和唐至元）都是人口较多或增长较快的时期，我国环境严重恶化的时期（明清以后）则是人口飞快增长的时期。

可见，人口与环境有着密切的内在关系。

研究环境变迁的历史是为了保护今天的环境，这是古为今用原则的具体体现。现在强调保护环境，并不反对人1:1增长，更不反对经济和社会的发展，而恰恰相反，我们主张认真吸取历史上环境变迁的经验教训，保护环境应从控制人1:1增长做起，在社会、经济发展的同时，要注意维持生态平衡，防止环境的污染和破坏，以求得持续的发展，长久的进步。

“人类卫士”屡遭浩劫

哪里有绿色，哪里就有生命。

——佚名

森林是地球生态系统的强大支柱，人类的坚强卫士。国土森林覆盖率的大小是衡量一个国家环境质量好坏的重要标准之一。在历史时期，中国是个多林的国家，即使是现在水土流失严重、树木稀少的黄河中游，在古代是存在大片森林的。但在20世纪中叶，中国的森林覆盖率只有8%，经过30多年的努力，在20世纪80年代，森林覆盖率也只有12.8%，居世界第120位。

简单地说，中国的森林在人类古代时期的遭遇是不幸的，是一部历尽磨难、不断减少的血泪史。

历史上中国的森林是不幸的，那么，外国的森林是不是要幸福一点呢？

这不能凭猜测和推理做出判断。因此，我们在考察中国森林由多至少的变化之前，先还是看看别国和世界森林的历史遭遇状况。远在人类诞生以前几亿年的时候，森林已在地球上广泛发育了，并成为地球上古老而复杂的生态系统。虽然地球几经沧桑，地覆天翻，但直至人类诞生的时候，庞大的地球森林始终生机盎然，最多时曾达76亿公顷，占地球陆地面积的1/3。在19世纪时，只剩下55亿公顷，不幸的是，到20世纪70年代，又减少将近一半，只剩下28亿公顷，而且现在还在不断减少。

纵观全球各地森林的遭遇，难免使人泪下。

有些地区的森林破坏，远早于中国，甚至在5000年前就开始了。

在黎巴嫩的境内，有一座与国家同名的山，5000 年前，山上曾经长满茂密挺拔的雪松，在不长雪松的山坡上，也长满了松树、冷杉、桧柏和橡树。现在呢？除了一些人们难于接近的地方或教堂附近残存一点低矮的树丛外，雪松等名贵树木早已荡然无存。

早在公元前 3000 年的时候，有一个叫腓尼基的闪族沙漠部落攻占了地中海东岸。他们一到黎巴嫩，就开始砍伐雪松。雪松木质坚硬，尺寸适中，造船也行，建造宫殿更是珍品，腓尼基人就是靠掠夺这种名贵树木而换回金银财宝。

古埃及的法老，是黎巴嫩雪松的大买主。大约从公元前 2600 年起，差不多每年要从腓尼基人的手中进口 40 船雪松。后来，古埃及强大起来，干脆让腓尼基人给他进贡雪松，这种情形，大约持续了 2000 来年。

黎巴嫩的雪松也曾让古老的美索不达米亚人垂涎三尺。他们因袭亚述人在公元前 1100 年的做法，让腓尼基人把雪松作为贡品运到幼发拉底河，再流放到国内，公元前 6 世纪，巴比伦国王还在黎巴嫩山上树立碑铭文，以夸耀他从远处得到这种珍贵木材的成就。

以色列国王所罗门在公元前 950 年以威胁的口吻告诉黎巴嫩的统治者，既然你们的雪松可以给别人盖房子，那为什么不给我们呢？为了修建耶路撒冷教堂，所罗门派了成千上万民工到黎巴嫩山砍伐雪松。600 年后，马其顿国王亚历山大和他的儿子为了装备他们的舰队，派出 8000 名民工，1000 对精选的牲畜去掠夺黎巴嫩雪松。

黎巴嫩雪松在屡遭劫难之后，也碰上一个休生养息的机会，那是在古罗马人控制黎巴嫩一个半世纪后，终于想到山上的雪松已所剩无几，不能再砍了，于是在公元 2 世纪时，下令停止采伐雪松，并在山上树立了近百块石碑，雪松减少的步伐才大大放慢。

然而，好景不长。公元 7 世纪，当黎巴嫩的定居者——受迫害的教徒们带着自己的山羊来到黎巴嫩山坡的时候，黎巴嫩森林再次遭到洗劫。人砍、羊啃，基本上使黎巴嫩山变成光秃秃的石山，而残存的冷杉和橡树，又在第二次世界大战中被英国军队砍光。

古希腊、古罗马地区的气候，本不适宜森林的自然发展。但古希腊、古罗马人并不珍惜有限的森林。早在公元前4世纪，古希腊东部的阿蒂卡森林就被大量砍伐，使山林被糟踏得像“一副被剔光了肉的枯骨”。公元3世纪和4世纪，罗马帝国发生了经济危机，掠夺性的土地开垦暂时停止，减缓了对森林的压力，地中海周围各国山区的大片森林才得以保存下来，然而，这个时期的海上强国拜占庭帝国、威尼斯、热那亚和加泰罗尼亚却并未放松森林砍伐，土耳其、希腊、南斯拉夫，意大利和西班牙巴塞罗那等地的森林都未能幸免。

中欧和西欧在史前都曾有过茂密的森林。在公元12世纪，森林面积因垦荒而明显减少。在公元1300年的农业发展高峰之后的两个世纪中，森林面积连续缩小。欧洲人习惯于把山坡上的森林逐个砍光，毫不考虑森林的更新问题，这种状况，一直继续到19世纪的后期，欧洲殖民者还把滥伐森林的恶习带到西半球。16世纪，他们从东半球带去了过多的牛、绵羊和山羊，使南美洲、墨西哥和美国西南部许多地区森林破坏，草场退化、沙漠蔓延。墨西哥城不远处丘陵上的一大片雪松，经历了和黎巴嫩山雪松几乎相同的命运，在西班牙占领南美而重建墨西哥城时绝迹。西班牙人为了开荒而砍光了墨西哥中部丘陵的森林，1543年又为了采矿需要而砍光了萨卡特卡斯山的林木。这里曾经有过非常茂密的森林，但4个世纪以后的现在，只留下多石的草地和为数不多、到处找草吃的山羊。

欧洲殖民者从大西洋进入美洲以后，发现这里有世界上最富饶的森林。贪婪的殖民者忘记了一切，只顾砍伐木材，毁林开荒。至19世纪，全美国1/3的森林已被毁灭。从1900年开始，美国当局才意识到问题的严重，成立了林业局，注意了森林抚育，防止乱砍滥伐。

中国的黄土高原是由多林到少林的又一个典型。

黄土高原是一个广泛的称谓，一般是指秦岭及关中平原以北，长城以南，洮河及乌鞘岭以东，太行山以西的面积约40万平方千米的地区。也有把关中平原、鄂尔多斯高原和阴山山脉以南地区都包括在内的，实指黄河中游及中游入黄支流流域，这是广义的。这里所说的黄土高原，是后一种，即广义的黄土高原。

历史时期初期，黄土高原分布着广大的森林，森林之间，间杂着草原，属于森林草原地带。就森林而言，所有的山地和山下的原野几乎无处没有森林。渭河中上游的森林直到隋唐时还保持着一定的规模。吕梁山及其支脉芦芽、岢岚山下的山西岢岚、五寨诸县，吕梁山脉以西直抵山陕峡谷中的黄河岸边，都曾经是著名的森林区。五寨、岢岚之西的保德、河曲、偏关诸县也曾是森林地区，这里的林区向北扩展，与隔河的鄂尔多斯东部的森林地区遥遥相望。陕北的横山、北宋时柏林众多。与横山山脉相连的子午岭北段也曾有过森林，西边六盘山和屈吴山曾有过相当规模的森林地区，六盘山下的清水河东，长期为森林所覆盖，整个黄土高原的森林覆盖率曾高达53%。

在黄土高原的森林变迁中，秦岭北坡的森林变迁很有代表性。

对于西安地区和秦岭被迫在历史上有无森林的问题，学术界曾经有过不同的看法，但根据距今六、七年前的半坡遗址所发现的生活在森林中的大量斑鹿遗骨证明，在原始社会时期，西安地区和秦岭北坡曾生长过茂密的森林，直至西周初年仍是这种状况。

当时山上与平地林木都很茂盛，树种有桑、枸杞、烤、钩，苞栎、苞栋、条、梅、松、荆、棕、楞、椏柜、丹栗、谷、柞。周建都丰镐，到处瓦房林立，宫室栉比，当然要就近砍伐森林。由于周代注意山林川泽及生物资源的保护，所以在周代，秦岭北坡及西安附近的塬区一直有很好的森林植被。

在秦代，西安地区的森林受到一定程度的破坏。远在统一中国以前的商鞅变法的时候，进行了大规模的开荒垦殖，使西安一带塬区森林砍伐殆尽，对秦岭北坡森林也进行了大量采伐。大规模的宫室兴建，加剧了采伐。秦穆公以西秦为基地，因境内多良材，于是大兴土木营造宫室，使秦国的宫室初具规模。惠文王建都咸阳之初，又取岐山等地的大树之材，新作宫室，南临近渭水，北越过泾河，至于离宫三百，又修建阿房宫，未成而亡。

秦始皇并灭六国，愚籍富强，更加骄侈，竭尽天下财力，大事修筑宫殿。项羽入关，烧宫阙，大火连烧三个月才灭掉。古赋有“蜀山兀，阿房出”之说，是指建造阿房宫取材全国，减少了对秦岭北坡森林的采伐，但却把蜀地山岭砍秃了。

汉唐建都长安，营建宫室、民房，使用了难以计数的木材。咸阳人数众多，能源主要是木材。虞部派专人在南山成年累月烧制木炭。唐初已从岐山、陇山采伐木材，由升原渠运抵长安，但秦岭离长安近，仍是长安用材的主要来源。玄宗天宝年间还开凿转运木材的漕河，把木材由南山运到西市潭中，后又通过漕河运送木炭。当时采伐范围远至周至县一带。开元年间，因“近山无巨材”，才不得不到山西岚县，内蒙古准格尔旗的十二连城等地去采伐。正像柳宗元的诗《行路难》所描写的，唐代乱砍滥伐现象相当严重，很多山被剃光。很多木材被糟踏，很多小树被摧残。但秦岭北坡十分险峻，范围广大，深山老林不易采伐。唐太宗称终南山为“碧嶂插遥天”，“叠松朝若夜”，李白称终南山为“秀色难为名，苍翠日在眼”。可见，秦岭深处森林未遭到破坏。

在宋元明三朝，京都都不在长安，主伐森林的地区已转移到岐山、陇山以西和山西的吕梁山、芦芽山及雁门、偏关一带、秦岭北坡的森林已不是主伐的重点。这一时期秦岭北坡森林破坏的原因主要是当地群众的毁林开荒。只有山势陡峻，人口稀少的地区的森林破坏还不大。

在清代，秦岭北坡森林遭到彻底破坏。由于清代改变赋税制度，按人口分给土地，人口迅速增长，土地高度集中。失掉土地的农民相继进入深山老林垦荒，多至“结棚满山梁”。垦荒者除来自关中地区外，还有的远自湖北、贵州、四川而来。他们斧锯并旌，砍伐森林，树干任其霉坏，枝叶焚之成灰。新开的耕地十分肥沃，无需施肥就可“种一收百”，过几年贫瘠后便被人们毫不可惜地一丢了之，再砍森林，新辟荒地，终于使秦岭北坡老林几乎荡然无存。另外，靠木材为生的人也多起来，乾隆时仅周至所管南山至洋县一路，“匠作佣工之人，不下数万”。随着采伐不断深入，只有从尹家卫（引镇）进入大峪的一路，“上下秦岭七十里，山势穹窿，一径羊肠，蟠折于丛林悬岩之间”尚有部分森林遗存，后来连这点森林也荡然无存。今天，秦岭北坡虽有少量次生林，但遗存有原始森林的，则只有周至、太白等高山地区了。

水土流失的“千年之祸”

就所有的生物而言，即使最强烈的内在本质，在很大程度上出是由其所处的外部环境而造成的。

——乔治·艾略特

水土流失是指在山区、丘陵区，由于雨水不能就地消纳，便顺着坡沟下流，冲刷土壤，使水分和土壤同时流失的现象。水土流失的成因很多，但最重要的是山地、丘陵上植被不良所致。中国在历史时期的早期，森林覆盖率很高。后来，森林才遭到破坏。森林破坏的直接后果便是水土流失，水土流失又带来一系列后果，可以影响到数千里之外，甚至波及海岸。森林破坏，水土流失，河水含沙量增大，河道淤积、决溢、改道，湖泊湮废、河口延伸，这已经成了一种连锁反应。

千年以前的水土流失，中国有，外国也有。

恩格斯说过，美索不达米亚、希腊、小亚细亚以及其他各地的居民，为了想得到耕地，把森林都砍光了，但是他们做梦也没有想到，这些地方今天竟因此成为荒凉不毛之地，因为他们使这些地方失去了森林，也失去了积聚和贮存水分的中心。阿尔卑斯山的意大利人，在山南坡砍光了在山北坡被十分细心保护的松林，他们没有预料到，这样一来，他们把他们区域里的高山畜牧业的基础给摧毁了；他们更没有预料到，他们这样做，竟使山泉在一年中的大部分时间内枯竭了，而在雨季又使更加凶猛的洪水倾泻到平原上。

当然，在非洲，在大西洋彼岸的美洲，也有类似的情形。让我们大略地考察一下美索不达米亚、北非、阿尔卑斯山、中美洲在千年之间的水土流失吧。

美索不达美亚平原，是著名的巴比伦文明的发祥地。六七千年以前，人们引幼发拉底河灌溉农田，发展了有名的灌溉农田。但是，很可能是征服自然的胜利冲昏了美索不达米亚人的头脑，他们犯了两个致命的错误。一个是他们砍光了两河上游的森林，造成两河流域气候失调，水土严重流失。另一个是不适当的灌溉使土地严重盐碱化，肥沃的农田成了白花花的盐漠，寸草不生。至今，伊拉克的很多地方仍是如此。这大概是六七千年前伊拉克的祖先们做梦也没有想到的。

埃塞俄比亚是北非的一个多山国家。它的山势奇形怪状，有锯齿形的，也有马蹄形的，这与五大洲的其他名山不同，倒霉的是，只有4500米高的埃塞俄比亚山却像8000多米高的喜马拉雅山一样的容易受风力和水力的侵蚀。

埃塞俄比亚高原雨量充沛。在很久以前，全国3/4以上的地面上都长满了森林。现在呢？这里是一个荒凉和饥饿的地方，有价值的用材林不足全国国土面积的4%。那么，埃塞俄比亚的森林是什么时候消失的呢？

众所周知，古埃及人的文化成就是很有名的，那高耸的金字塔和狮身人面像斯芬克斯就是见证。我们也都知道，古埃及的文明，是在尼罗河河水泛滥，泥沙沉积形成肥沃的尼罗河平原后建立的。尼罗河给埃及人带来了那么多泥沙，这些泥沙并不是国产的，而是进口的，是尼罗河从砍光了树木的埃塞俄比亚高原上带来的。因此有人说，与其说埃及文明是尼罗河的礼品，还不如说是埃塞俄比亚的礼品。现在，在埃塞俄比亚北部最古老的居住区，如提格雷省和厄立特里亚省，一些最陡峭的山坡寸草不生，老百姓不得不在小块受过侵蚀的贫瘠土地上种上一点庄稼，收获少得可怜。许多河流经常干涸，而到了雨季又总是暴发山洪。

随着森林的消耗殆尽和水土流失的加剧，北部无法居住了。大约在公元10世纪，埃塞俄比亚人开始向南迁移，南方森林密布，河水清澈，然而为数众多的人口迁居南方后，毁林开荒和推采很快使泉眼干涸，富含泥沙的河流变动无常。过了近1000年，当梅内里克二世皇帝1883年在亚的斯亚贝巴建都时，附近只剩下些残留的雪松。城市的发展及农业用地很快扫荡了这些雪松林，附近的阿瓦什河因流域水土流失而河水浑浊，河流决溢改道成为家常便饭。

欧洲的阿尔卑斯山和比利牛斯山曾经是森林茂密的名山。可是，再多的森林也经不住各国的竟相采伐。早在15世纪，意大利北部就因森林破坏而经常发生河流干涸、山洪暴发、山崩、泥石流成灾的事。到18世纪末，猛烈的洪水和势不可挡的山崩经常访问奥地利、德国、意大利、法国和西班牙，突然来到的激流吞没了无数的农田、房舍和人畜的生命，这时才有人惊呼：我们不该滥伐阿尔卑斯山的森林。

尽管欧洲人觉醒得晚了一些，但亡羊补牢，为时未晚，清醒了总比昏睡着好。到19世纪和20世纪，大规模的植树造林运动才使阿尔卑斯山和比利牛斯山的生态环境有所改善，山洪和山崩略有减少，但仍很严重，要制止它们，还需要更长时间来抚育森林。

再说安第斯山。

连绵5000千米的安第斯山像一条来自太平洋深沟的巨龙，俯视着南美洲的西海岸。它从委内瑞拉起，经哥伦比亚、厄瓜多尔、秘鲁、玻利维亚和智利，越过干旱沙漠、冰山雪峰和水汽濛濛的丛林，直插到汪洋大海中。这里人口稠密，公元12世纪，由印第安人建立了一个强大的印加帝国。估计人口最多时曾达1600万。

安第斯山的生态环境恶化，大约在公元前500年就开始了，但并没有到崩溃的程度。在公元15世纪欧洲人发现美洲这个新大陆的时候，印加帝国正处于兴旺时期，他们修筑的梯田，对有效的防止水土流失发挥过良好作用。1532年，由于殖民者的入侵和疾病流行，印加帝国覆灭，从此，印加人保持土壤的梯田技术也被抛弃。17世纪以后，安第斯山地区人口猛烈增加，给土地带来了沉重的压力，不得不缩短土地休闲期，结果是水土流失加速，这种趋势终于导至19～20世纪环境的严重恶化。

人类的“助纣为虐”

人类过去、现在和未来，都始终是他们出生以前和降生以后的周围环境的产物。

——欧文

提起沙漠，少年朋友往往以为那是神奇美妙的地方，有时又同唐僧取经、阿凡提或阿里巴巴的故事联系在一起，充满传奇色彩，还有那虚无飘渺的海市蜃楼、鲜艳夺目的绿洲，更增添几分神秘莫测的味道，不免令人神往。

然而沙漠并不是美丽善良的天使，它是给人带来饥饿和死亡的魔鬼。

沙漠吞食农田，掠夺我们赖以生存的土地。

沙漠制造干旱，不让农作物生长。

地球上有1/3的陆地是属于酷热干旱地区，约0.5亿平方千米，其中沙漠面积就有2000万平方千米，还有约3000万平方千米的干旱土地处于沙漠化危险之中。现在沙漠还在以每年5800平方千米的速度在扩展自己的地盘。

值得注意的是，在人类出现以前，地球上的沙漠远没有这么多。有许多现在是沙漠的地方，如底格里斯河、幼发拉底河、印度河、尼罗河流域，还曾经是人类早期文明的发祥地，说明那里的生态环境曾经有过适合人类居住的时候。许多沙漠是在有人类活动以后扩大的，而现在扩大的速度更快。不幸的是，沙漠自己扩大的能力并不大，只是因为有了人的帮助以后才如虎添翼，才可以横冲直撞。因此有人直接了当地说，与其说是沙漠在逼着人类后退，还不如说人在把沙漠往外拉。事实上，正是不适当的人类活动，过度垦殖和放牧、砍伐森林、不适当的水利措施和战争，极大地推动着沙漠化的步伐。

沙漠化是指在干旱及半干旱地带，在历史时期，由于人类活动的影响，加上自然因素的作用，在原非沙漠地区产生类似沙漠环境的变化。其所影响的地区称之为沙漠化土地。

中国沙漠及沙漠化陆地面积近109.5万平方千米（其中包括戈壁），占全国国土面积的11.4%，大体相当于全国的耕地总面积。这些沙漠大都是第四纪特别是中更新世以来逐渐形成的。就其成因而言，主要与地质史上某个时期的干旱气候相联系，也就是说，沙漠是干旱气候的产物。在进入历史时期之后，中国沙漠变化的总趋向是逐渐扩展。原来不是沙漠的地方形成了沙漠；原来有沙漠的地方，沙漠向外蔓延。根据粗略估算，历史时期形成的沙漠化土地，约有12万平方千米。这些沙漠主要分布在中国西北、华北和东北草原地带，荒漠草原地带、荒漠地带边缘及内陆河流沿岸。我们可以用中国和外国若干沙漠的形成发展过程，来说明人类活动对历史时期沙漠化进程的巨大影响。

世界上许多地方的人造沙漠尽管有多种成因，但因垦殖过度造成的沙漠却是最多的，或者说，垦殖过度是许多地方沙漠化因素中的主要因素，因此，把这些地方的沙漠称之为“垦殖出来的沙漠”是再恰当不过了。

早在四五千年以前，印度河流域的哈巴拉地区发展了早期农业文明，这就是有名的哈巴拉文明。这里，盛产小麦、大麦、芝麻、甜瓜和棉花。这里，曾经耸立过坚固的城堡和宏大的粮仓。但是，耕地的扩大，破坏了防风固沙的植被，随着干旱时代的到来，昔日广阔的农田上出现了遮天蔽日的尘暴，随后，农田大片大片地弃耕，土地一块一块地沙化，现在，这里已形成了一个65万平方千米的荒漠。

非洲的撒哈拉沙漠是世界沙漠之王，面积860万平方千米，相当于200个丹麦那么大，从东到西横跨11国国境，几乎占据了整个北部非洲。我们当然不必追溯到4亿5千万年以前的撒哈拉，那时它还在南极附近，它是以每年 1～2 厘米的速度漂移到现在这个地方的。我们也不必追溯到 1 万年以前，那时这里还相当湿润，到处生长着雪松、榕树、槐树和柳树，而且这里也是人类文明的发祥地之一。在撒哈拉沙漠中，曾发现过 8000～10000 年前的城堡废墟和壁画，这就是证明。在大约 5000 年前，这里的气候趋于干旱，使一部分草原变成沙漠，但这是自然发生的，人没有什么责任。可是，那里的居民依旧粗放耕作、过度放牧、这就助长了沙漠的扩展。西非的撒赫勒草原在 100 年前还有着不错的自然环境，可是因为过度开发，这里已经成了贫困和饥饿的沙漠地区。现在，撒哈拉沙漠每年向南扩展 150 万公顷，向北要鲸吞 10 万公顷农田，每年损失的粮食大约有 2000 万吨。

在我国北部，一些沙荒草原，本来是宜林宜牧地区。但是在垦作农业地区的时候，往往引起沙漠化。

地处东北草原地带的科尔沁沙地，素有“八百里瀚海”之称，占据了内蒙古昭乌达盟全部、哲里木盟大部及辽宁省西北部的一部分土地。这里的自然条件本来比较优越，年降雨量为 300～500 毫米，干旱系数为 0. 20～0. 50。据《辽史》记载，这里“地沃宜耕植，水草便畜牧。”公元 12 世纪，由于这一带增修边堡，居民增多，樵柴和过度放牧破坏了部分地区的植被，沙质沉积物随风而起。《金史》曾记其沙害为“土脊樵绝，当令所徙之民，姑逐水草以居”，以及壕堑被“沙雪堙塞，不足为御”。这就是说，风沙使得土地贫瘠，连根柴草也不长，只好让迁来的牧民权且追随水草游牧；沙土雍塞了防御的壕堑，完全丧失了防御作用。其后几百年中，西辽河流域政治经济活动趋于低落，草原植被得以复苏。在 17 世纪时，这里仍是“长林丰草，讹寝咸宜……凡马驼牛羊孳息者岁以千万计”。

19 世纪初，不仅西北山地森林连绵，就连扎鲁特东南都有密集的松林。19 世纪后期，清政府为了增加财政收入，推行了放价召民屯垦的政策，大搞毁林开荒，到处滥垦。西辽河以南地区大部分是在 1876 年前开垦的，西辽河以北地区大部分是在 1877～1900 年所垦，直到 20 世纪以后仍旧大行垦殖。光绪三十三年（公元 1907 年），封建王公为补还亏欠的商款，放价招垦沙重土薄的高力板一带草地，仅1907年一年，科尔沁右翼中旗就放荒8万余垧，净收银24万两，蒙旗贵族与清政府对半平分。由于土壤肥力和降雨量变化的限制，新垦土地一般只能耕种两三年，旋即撂荒。耕作破坏了草原植被，松散了生草土层，裸露松散的沙质土地在干旱的风沙中极易受风蚀，下复的沙质沉积物则为风扬而起形成沙丘的物质来源。这种过垦地区的沙化过程通常是：流沙首先以斑点状出现在居民点附近及河流沿岸的耕地上，其后灾害范围逐渐扩大，发展成为连片的流沙。过垦缩小了畜牧草场的面积，增大了草场的牲畜负荷量，又引起草场植被的退化。这种恶性循环的连锁反应使科尔沁草原变成固定、半固定沙丘、流动沙丘相互交错穿插的沙漠化土地。如今，这里是风沙肆虐的地方，每年5米/秒以上的起沙风要刮240次以上，最大风速达32米/秒，历史上的河流，多半成为丘间低地中的一串串水泡子。

“人类伙伴”的历史遭遇

“洞察力能使我们看到，忽视精神而以追求物质为目的为主的生活，比然使得人与人对立，国与国对立，因为人的需要无穷无尽，而无穷无尽只能在精神王国里实现，在物质王国里永远不能实现。”

——舒马赫《小的是美好的》

地球上的野生动植物是人类的伙伴。

在谈到地球上生物资源保护的时候，有一位学者曾这样说过：“在这个物种丰富的世界上，现代人类的行为，就象是一群醉汉深夜闯进了一家古玩店。他们什么也看不见，也没有想到要拿着手电并且应该小心。他们只是大略地知道柜台在哪里，于是不可避免地东碰西撞起来，他们根本不能辨别自己撞碎的玻璃是花瓶还是碗，是高脚酒杯还是啤酒杯，是来自威尼斯的还是波希米亚的，或者是古罗马的。他们一点都没有意识到，他们这样跌跌撞撞，所损失的财富是不可估量的，是永远不可挽回的。”

这段话，把现代人对待地球生物资源的所做所为描绘得入木三分，可以说是再逼真不过了。

从地球上有生物的时候算起，曾出现过的生物大约有10亿种，其中99%在以往的生物演化当中灭绝了，所剩的不过1%，估计有800～1000万种。在约1000万种生物中，动物约100万种，植物45万种，其余的800多万种都是微生物。其实，这些也只是科学家们估计的数字，实际上，已发现并经过鉴定的生物只有100来万种。

物种灭绝本来是一种自然现象，而人类活动的影响，又使物种灭绝的速度加快了，而且越来越快。在400年前，大约每三四年有一种生物灭绝；进入20世纪后，每年就要灭绝一种；到20世纪80年代，每小时就有一种生物灭绝。

现代物种灭绝的社会原因首先和最主要的是栖息地的破坏，使野生动植物无家可归；其次是乱捕滥杀、乱采滥伐，有时也有动乱等原因。人类在古代时期，也没少干过破坏生物资源乃至灭绝物种的事，大约只有在中国，在几千年以前，曾出现过保护生物资源的行动。

从古到今，中外的打猎者如果仅仅是玩一玩，乐一乐，也许对野生动物的打击还小一些，最可恨的是那些猎杀珍稀动物去赚大钱的人。因为他们猎杀的数量大，手段残忍。有的偷猎者仅仅为了得到象牙，就把濒临灭绝危险的大象杀死。其他长着长牙或有着珍贵皮毛的动物也同样容易招来祸害。有的人只是想得到幼兽，就把狮尾猕猴或长臂猿母兽杀死。有的偷猎者甚至把野生动物保护工作人员以至专家打死，实在是理法难容。

由于捕杀而使一种数量极多的野生动物灭绝的例子，北美野牛是十分典型的。

在北美洲大陆，曾经生活过很多很多野牛。从很早以前开始，野牛就是人类捕猎的的对象，据说，远古时期的印第安人虽然没有弓箭之类的有力武器，但对付野牛的办法还是有，那就是，在1万年前，他们把8000头野牛赶到悬崖上，强迫它们跳下崖去。在近代，白人移居北美，带去了火枪，射杀起野牛来，不费吹灰之力，因此，从那以后，大批大批的野牛被屠杀，还有的人仅仅是为了得到野牛的舌头就把野牛杀死。

野牛是一种大型观赏动物，又是一种无与伦比的商品肉资源。野牛肉比家养的菜牛肉好吃，营养成分也好，它的蛋白质含量比普通牛肉高25%，胆固醇含量却低20%。有的人吃了菜牛肉会发生过敏反应，吃野牛肉却从来没发生这类事情。野牛从来不生癌症，这对防癌研究来说，是不可多得的研究对象。野牛能在贫瘠的土地上生活，不需要人来特殊照顾，长得还比家牛快。而且，野牛皮的品质也远胜家牛皮。

正因为野牛有这么多好处，才使野牛命途多舛。以前是人们拿它当猎物打着好玩，后来是千方百计搜猎它，为了得到它的肉和皮。到19世纪中期以后，野牛的数量已经成倍减少，屠杀野牛的能手们还是没有一个手软心慈的。

有人呼吁：如果再这样屠杀下去，野牛会灭绝的。

打野牛的人却说，现在的野牛至少还有6000万只，怎么会灭绝呢？

野牛越少，打野牛的人越是争先恐后，因为他们怕跑得慢了打不着，怕叫别人先打去。

1879年，北美的一群残存野牛长途跋涉，准备迁徙到一个安全的地方，但它们的行动逃不过屠手的眼睛。当它们走到得克萨斯州的时候，这群野牛就全部被围杀。4年之后，北方的最后一群野牛也被一网打尽。就这样，数量庞大的美洲野牛在文明人的刺刀下被消灭了。

现在，北美洲的野外再也看不到野牛了。你如果想看到它，只有到美国和加拿大的国家公园或动物园去，那里还保存了几百只野牛的后代，不过，它们已经算不上野生的动物了。

和野牛相比，四不像的命运一样好不了多少。

“四不像”就是中国特有的珍稀动物麋鹿，它遭遇的动乱，可以说是毁灭性的，只是一些意外的因素，才使它的家族幸免于难。

麋鹿只产于中国。在古代，中国的麋鹿好像很多，因为它有点像鹿，所以被归入鹿类动物，其实它角似鹿而不是鹿，头似马而不是马，身似驴而非驴，蹄似牛而不是牛，因此自古便有“四不像”的俗称。只是中世纪以后，麋鹿越来越少，可能跟环境破坏有关。元朝的时候，皇室在现在北京南苑这个地方开辟了一片皇家游猎园林，那地方有水，就叫“南海子”，也叫“飞放泊”，在飞放泊里，就放养了一群麋鹿，让它们在那里自由自在地生息繁衍。当然，飞放泊虽大，但也是圈起来的，麋鹿想跑也跑不出去。经过明朝、清朝的扩建，南海子的麋鹿数目逐渐增多。

1865 年，一个叫大卫的西方传教士来到了南海子。他的目的很明确，就是想看一看传说中的中国鹿“四不像”，当然，能搞到它的标本更好。偷偷看一看麋鹿，大卫没费大劲儿就做到了，但要搞到麋鹿皮却不那么容易。后来，他出钱收买看管麋鹿的人，终于弄到了两张麋鹿皮。大卫偷盗的两张麋鹿皮被辗转送到巴黎，专家们一看，大开眼界，认定这是一个他们从未见过的新种，于是很滑稽地把这种中国特有的动物命名为“大卫鹿”。

随后，西方帝国主义国家便向清政府索要麋鹿。腐败衰落的清政府不敢不从，从此，德国、法国和英国的一些动物园里展出了这种中国的“四不像”。

四不像在欧洲各动物园的日子过得并不好，过去它们在中国时的活动范围很大，而这里的动物园太小。它们的体质普遍下降，繁殖能力降低，处境十分危险。留在中国的那些麋鹿的遭遇比它们更惨。1894 年，北京出现特大洪水，永定河水冲垮了南海子的围墙，大群麋鹿溃围而逃，不少麋鹿成了饥民碗里的肉。

1900 年八国联军打进北京，南海子在动乱中彻底毁坏，里面的麋鹿死得一只不剩。当时，在欧洲各动物园的麋鹿纷纷死亡，只有英国的乌邦寺还生活着一群健壮的麋鹿。乌邦寺麋鹿的主人叫贝福特公爵。他在1894年从巴黎搞到一对麋鹿。这人和麋鹿特有缘分，至少他很喜欢它们。他又从欧洲各地弄到18只麋鹿，组成了一个7雄9雌、2幼的麋鹿群。当时欧洲各动物园的麋鹿接连遇难后，乌邦寺成为世界上唯一的麋鹿保存地。乌邦寺庄园宽润，有草原、森林和湖泊，麋鹿生活得像在北京的南海子一样，很快繁殖起来。

时间过得很快，转眼已过了几十年，麋鹿繁殖到几百只。但是，第二次世界大战爆发了，德国的飞机不断到伦敦来轰炸，位于伦敦西郊的乌邦寺随时有挨炸的危险，贝福特公爵的儿子贝福特十二意识到，乌邦寺的麋鹿群一旦被炸，很可能在世界上再也找不到麋鹿了。他断然决定把255只麋鹿赠送给世界各地的动物园。所以，现在世界上存在的1600多只麋鹿，都是乌邦寺这群麋鹿的后代。而麋鹿能够在不幸中逃脱灭绝的命运，贝福特公爵是有特殊贡献的。时间过了90年，麋鹿终于有幸重返故乡。

1985年8月24日，重新修建的南海子迎来了20只从乌邦寺归来的麋鹿。1986年，又有39只麋鹿返回祖国，它们被放养在江苏大丰县野外的麋鹿自然保护区。